最親切的
SEO
入門教室

Ichiban Yasashii SEO Nyumon Kyoshitsu

Copyright © 2017 by Tamiko Fukuda

Chinese translation rights in complex characters arranged with Sotechsha Co., Ltd.

through Japan UNI Agency, Inc., Tokyo

簡易目錄

前言

由衷感謝您購買本書。

本書的主題是 SEO 的基礎知識與須知事項，從中會介紹行動裝置的 SEO 策略以及語音搜尋、社群搜尋、影片 SEO、本地 SEO 的最新動向。

目標讀者

- 準備建立網站，實施 **SEO** 策略的初學者
- 希望搜尋結果進入前段班的網頁負責人

本書的目的

在眾多的 SEO 書籍之中，以「簡單易懂」脫穎而出。
為此，做了以下的努力。

重點① 利用圖解與擷圖讓內容更淺顯易懂！

除了利用文字說明，也盡可能透過圖解與擷圖說明，而且還希望透過漫畫讓大家讀得開心。本書可是一本超過 250 頁的書，所以希望大家可以一邊看插圖，一邊翻閱本書。

重點② 利用會話營造想像空間！

每一課的開頭都有學生與講師的對話，希望大家在看完後，會有「原來也這有種情況」、「原來可在這種場面使用」的共鳴。這些都是在採行 SEO 策略之際常見的煩惱、苦惱（？）各位讀者不妨以設身處地的角度閱讀。

重點③ 以實例體現事實！

介紹的都是真實在網站發生的例子。希望大家瀏覽網站時，一邊思考這個網站為什麼會成功，而不是看過就算了。大量瀏覽網站也是一種學習！

注意事項

對採行 SEO 策略已久的讀者來說，本書會有許多「這早就知道」、「早就了解」的內容，無法滿足這些讀者，所以請這樣的讀者先瀏覽目錄與索引，看看內容是否符合學習所需。

希望本書能助大家一臂之力！

GLIESE 股份有限公司董事

福田多美子

CONTENTS

Chapter 1

SEO 是什麼？～基礎知識篇～

Chapter 2

決定關鍵字～SEO 準備篇～

Chapter 3

製作最適合執行 SEO 策略的網站～網站建置篇～

Chapter 4

製作優質內容的方法～內容對策篇～

Chapter 5

收集優質連結的方法～連結對策篇～

Chapter 6

不同業種、不同目的之 SEO 策略

Chapter 7

分析網站

Chapter 1

SEO 是什麼？
～基礎知識篇～

我們每天都在「搜尋」。隨著智慧型手機與語音搜尋的普及，「搜尋」已成為生活的一部分。

對網站經營者而言，與積極搜尋資訊的「搜尋使用者」相遇，是成功的第一步。

讓我們利用 SEO 策略讓更多訪客造訪網站，同時提升網站的流量吧！

Lesson
1-1

希望讓更多人瀏覽網站！

SEO 到底是什麼？

「想調查些什麼」、「想去某個地方」、「想了解某個方法」時，你會採取什麼行動？「問人」、「買雜誌或是書」……？不會吧，大部分的人應該都是「在網路上搜尋」吧？隨著智慧型手機與平板電腦的使用者增加，「搜尋」已成為每天離不開的行為。反過來想，對網站經營者而言，自己的網站在搜尋結果排名第幾，是一件非常重要的事，那麼該怎麼做才能排名第一呢？

我想在網路賣咖啡豆，所以前幾天做了個網站，但一直賣不太出去…，我一直覺得應該先增加網站的訪客。

這就是吸引客人上門的意思。不管賣的東西有多好，不管是多麼優質的資訊，沒人來看就等於「不曾存在」啦。

不曾存在啊……這句話還真是說進心坎（流汗）。我很喜歡夏威夷，也把去夏威夷旅行以及買賣夏威夷雜貨的經驗寫成部落格，但現在只有朋友看過……我希望能有更多的人來看。

若想在網路吸引更多的人，就得在 SEO 策略多加油啊。當然也可以砸廣告費，但就長遠來看，還是必須想想 SEO 策略。

SEO？聽起來好難，我能學得會嗎……

SEO 是什麼？

SEO 是「Search Engine　Optimization（搜尋引擎最佳化）」的縮寫。若希望更多訪客造訪自家的網站，就必須實施 SEO 策略。

利用**特定關鍵字讓自家網站躍居搜尋結果前段班（第一頁的上方）的方法**就是 SEO 策略。舉例來說，以「夏威夷 伴手禮」搜尋，會得到**圖 1-1-1** 的搜尋結果，最上面的兩個寫著「廣告」，代表這兩筆結果為列表廣告，一旦廣告費耗盡，就不會再顯示，所以從第三筆結果之後，是自然搜尋的前三名，設法讓自己的網站擠進這裡就是 SEO 策略。

圖1-1-1 Google 的搜尋結果

MEMO

列表廣告請參考「Lesson1-6 了解列表廣告與自然搜尋的用途」的「何謂列表廣告？」 ➡ P.32。

MEMO //

在 Google 或 Yahoo! 這類的搜尋引擎裡，自然搜尋與廣告互相對比的字眼。

除了廣告（列表廣告）之外，於搜尋結果顯示的各網站都是自然搜尋的結果，所以也稱為「自然搜尋」。

自然搜尋也稱為有機搜尋（Organic Search）。

SEO 很難嗎？

直至幾年前，必須了解網頁構造、HTML 的標籤或關鍵字的出現頻率這類知識，才有辦法實施 SEO 策略。當時這還屬於需要專門知識或業界最新資訊的領域，所以有些企業或網路商店會花大錢請業者執行 SEO 策略。

但如今，Google 已大聲宣佈「**以內容決定順位**」的方針，所以只有大量刊載「優質內容」、「實用內容」的網站才能得到 Google 的好評。

得到 Google 好評，即意味著在 Google 的搜尋引擎擠進前段班。

請大家稍微想一下

就我們這些網站經營者而言，**提供網站訪客優質的內容，是理所當然的事情**吧！在網站投放新內容時，都必須思考內容是否優質，也必須思考「對訪客而言，這些是必要的資訊嗎？」「是實用的資訊嗎？」「內容是否屬實」這類問題。

網站經營者時時將「**為訪客著想**」的想法放在心裡，就能得到 **Google** 的好評，擠進搜尋結果的前段班，這也是讓 SEO 策略更容易執行的方法。

製作優質的內容，擠進搜尋結果前幾名的方法稱為「**內容 SEO**」。交由 SEO 業者執行 SEO 的時代已經過去，現在已是**誰都能執行 SEO** 的時代。

讀完本書後，就請徹底執行 SEO 策略（尤其是內容 SEO）吧！

SEO 的心得

一步步利用 SEO 策略改善網站的內容之後，往往會遇到「該設哪些關鍵字才好？」「該製作哪些內容才對？」「理想的標籤有哪些？」「很難從競爭之中脫穎而出」、「排名往下滑」這些課題。

執行 SEO 策略之際，最重要的是「考慮訪客的心情」，**不管遇到什麼課題，都請先思考「訪客會是怎麼樣的心情」**。

圖1-1-2 想像訪客是抱著何種心情搜尋

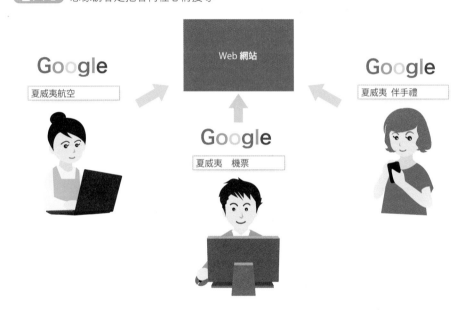

例如想要介紹夏威夷的雜貨或珠寶，請想像哪些訪客會喜歡夏威夷，**想像一下訪客會於搜尋方塊輸入什麼關鍵字**，點選關鍵字，瀏覽網站的訪客要看到**怎麼樣的頁面內容才覺得滿足？訪客會在什麼時候轉貼連結？**

假設將所有心力放在提升搜尋結果的順位，就**很容易忘記這些理所當然的事情**。「顧慮訪客的心情」是執行 **SEO** 策略最重要的一環，請大家千萬別忘了這點。

COLUMN

說「Google 一下」就聽得懂？市佔率第一的搜尋引擎是？

網路上有各式各樣提供網站搜尋服務的「搜尋引擎」，而在 2017 年 11 月，市佔率第一的搜尋引擎就是 Google。

中國市佔率第一的搜尋引擎是「百度」這家企業提供的「Baidu」，但不管是在美國、英國、法國、德國、韓國、台灣、澳洲、新加坡還是泰國，Google 的市佔率都是最高。不管是在電腦還是智慧型手機，Google 的市佔率都是第一名。

在日本，Yahoo!Japan 這個搜尋引擎雖然有名，但實際這個搜尋引擎採用的是 Google 的搜尋引擎演算法，換言之，網站在 Google 或 Yahoo!Japan 的排名幾乎是一樣的。

執行 SEO 策略時，基本上想成是在執行 Google 對策即可。本書也將以「搜尋引擎 =Google」的這項前提說明內容。

圖1-1-A Google 與 Yahoo!Japan 之間有合作關係

用心執行 SEO 策略的三項理由

建立網站之後，有許多後續的作業等著我們，例加最近有許多社群網站很流行，所以可利用 Facebook、Twitter、Instagram、LINE 這類網站增加粉絲，也可利用廣告，花少少錢招攬客人。既然如此，為何一定要執行 SEO 策略呢？

我知道想要增加網站的訪客，就要用心執行 SEO 策略，但這有什麼好處呢？

嗯，這很難説，有時立刻就看得到成效，有時卻得花上半年或一年。

一年？得這麼有耐心啊？要是我，一下子就放棄了。

不管有沒有耐心，也不管要花多少時間，都建議執行 SEO 策略。現在就開始説明理由。

SEO 效果① 增加新的邂逅

有想過網站的訪客是從哪裡來的嗎？有可能是看到廣告信件，點選信件裡的連結來的，也有可能是看到 Facebook、Twitter 這類社群網站的文章，點選文章裡的連結來的。假設訪客喜歡網站的內容，而將網站新增為書籤或我的最愛，就有可能再次來訪。

可是**大部分的網路使用者都是透過搜尋引擎來訪**。某個問卷甚至指出「有八成是經由搜尋引擎來訪」，其實不妨想想自己都是如何使用網路，就不難理解為什麼「大部分的使用者都是透過搜尋引擎來訪」。

換言之，只要用心執行 SEO 策略，讓自己的網站闖入搜尋結果的前段班，就**有機會遇到新的訪客**，新的邂逅也會不斷增加。這就是用心執行 SEO 策略的最大理由與動力。

圖1-2-1 SEO 對策可增加與新訪客相遇的機會

透過搜尋引擎來訪　　　　　　　　　　　　　　　與新訪客相遇

SEARCH　搜尋　SEO

SEO 效果②
能與有立即需求的訪客相遇

請大家想像一下，以「夏威夷　旅行　平價」搜尋的人會是怎麼樣的人？應該是「想來趟夏威夷平價之旅」的人吧？假設是以「澀谷　午餐　義大利」搜尋，應該是「想在澀谷吃午餐，而且想吃義大利餐點」的人吧！從這點來看，會上網搜尋的人，通常有特定的目的，而且想立刻滿足需求，而我們想要的也是這樣的客人，很希望他們造訪網站與點餐。

從搜尋引擎獲得訪客往往與**業績畫上等號**。要想與來自搜尋引擎的訪客建立強而有力的關係，就必須讓自己的網站成為搜尋結果的第一名（或是接近第一名），這也是用心執行 SEO 策略的理由之一。

只等著逛網路的人上門就夠了嗎？還是想遇到**那些具有特定目的，利用特定關鍵字搜尋的訪客**呢？

圖1-2-2　SEO 能帶來與業績直接相關的客人

SEO 效果③ 可免費招攬客人

要在網路吸引客人，花錢買廣告是最快的途徑，尤其是列表廣告，只要一提出文案，就能立刻刊載，而且是依照點擊次數收費，所以初學者也能輕鬆購買廣告。但是花錢買廣告，**就得一直花錢買下去**，想吸引更多客人，**就得付出更高的廣告費用**。

我的意思不是「不要買廣告」，而是一邊善用廣告機制，一邊透過 SEO 策略吸引客人。要讓網站進入搜尋結果前段班固然得花不少時間，但是利用 **SEO** 策略闖入前段班卻不用付出半毛錢。

圖1-2-3　SEO 策略是不花半毛錢的攬客方法

Lesson
1-3
在實作前的注意事項！
搜尋引擎的原理①
研究全世界的網站

Google 或 Yahoo! 這類搜尋引擎是從全世界大量的網站之中找出與關鍵字匹配的網站，提供「你需要的資訊在這裡」、「你的煩惱可在這裡找到答案」的服務。符合需求的網站會根據符合程度排名，我們也會習慣性地從第一名的網站開始點擊吧？

最近都搜尋什麼呢？

前陣子因為電腦有點問題，我搜尋了「電腦　修理」，結果顯示了電腦修理的店家，也知道得花多少錢修理電腦。

我想幫我家的貓剪指甲，所以搜尋了「貓　指甲刀」，結果顯示了幫貓咪剪指甲絕不失敗的方法，連影片都有，完全符合我的需求啊。

搜尋引擎每天都在思考「什麼是使用者想知道的資訊」，然後提供適當的資訊。這次要為你們說明的是 Google 顯示搜尋結果的原理。

▌巡迴全世界網路的「網路爬蟲」

要提供最理想的資訊，就**必須先搜集資訊**。「網路爬蟲」這種機器人（程式）會日以繼夜，全年無休地在網路巡迴，確認有哪些網站以及收集網站的資訊。網路爬蟲巡迴網站的線索就是「連結」，沒有連結，即使是「網路爬蟲」也無法找到網站。

網站經營者**在網頁張貼連結，讓使用者能於網頁之間穿梭，是非常重要的作業**，假設其他網站願意張貼自家網站的連結，那更是有利網路爬蟲收集資料。

不過，網站開張後，很難立刻有外部網站願意張貼連結。此時必須告訴 Google「有新網站開幕了」。這個方法會在 P.111 的「Lesson 3-8　製作網站地圖與通知 Google」說明。

圖1-3-1　搜尋引擎的原理

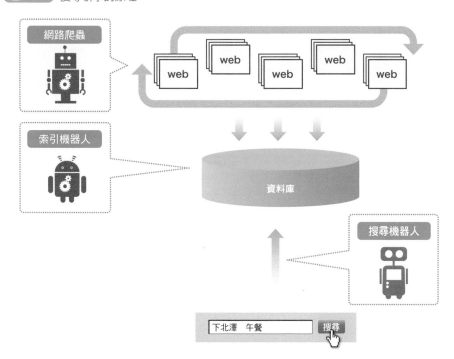

加上標記整理索引的「索引機器人」

將網站新增至 **Google** 資料庫，再予以整理的是「索引機器人」，「索引」也有標題的意思，而「索引機器人」會分析每張網頁有哪些關鍵字與內容，得到「字數」、「圖片數」、「連結數」這類資料後，再將加上索引值與標題，方便後續取出。

尋找搜尋結果的「搜尋機器人」

根據我們輸入的關鍵字，找出最佳網頁的是「搜尋機器人」。

Google 一偵測到我們輸入的關鍵字，就會以排名的方式列出「相關性較高」的搜尋結果。據説判斷「關聯性」的因素超過二百個，至於有哪些則是未公開。

唯一能判斷的是，「**Google 總是希望能提供使用者最佳的搜尋結果**」，所以我們只需要專心製作「**實用的內容，然後不斷地提供內容**」，只要搜尋結果與我們的網站內容有關連性，網站自然就能闖入搜尋結果的前段班。

COLUMN

採用 AI ？越來越聰明的 Google 搜尋引擎

大家是否有不小心輸入錯誤的關鍵字，Google 卻反問你「**該不會是要搜尋這個關鍵字？**」的經驗？這雖然已是司空見慣的功能，但一開始看到這個功能時，有許多使用者都會感動地説「Google 還真是聰明啊」。

搜尋「午餐」、「居酒屋」、「美容院」、「電影院」這類地區色彩濃厚的目標時，**能依照所在位置篩選必要的資訊**，也是 Google 在 2015 年 1 月更新的「**威尼斯演算法更新**」的新功能。自威尼斯演算法更新之後，不再需要以「澀谷　午餐」、「池袋　電影院」這類關鍵字搜尋，而是只要輸入「午餐」、「電影院」，就能顯示附近的結果。

Google 搜尋引擎也能剖析**同音異義字**，例如日文的「hashi」有「筷子」與「橋」的意思，如果輸入「hashi 的使用方法」，Google 會自動理解成「筷子的使用方法」，如果輸入的是「hashi　場所」，就會自動理解成「橋」，由此可知，**Google** 已經能夠根據前後文的脈絡來理解文字。

2015 年採用了「RankBrain」這種**人工智慧演算法**之後，Google 搜尋引擎也越變越聰明了。

搜尋引擎的原理②
順位由演算法決定

要執行 SEO 策略，就免不了會遇到「演算法」這個名詞。演算法就是決定排名（搜尋結果順位）的規則，會根據關鍵字決定「讓這個網站第一名吧」「這個網站可以是第二名」。

請大家不要以為「了解規則，就能輕鬆執行 SEO 策略」，因為 Google 的演算法不斷地在改良，據說連 Google 的員工也不知道箇中的細節。

「SEO」這三個英文字母本來就很難懂，網路爬蟲、索引機器人、搜尋機器人也很難懂，這次又出現什麼「演算法」了啊？

我跟妳一樣，也搞不懂這些名詞啊。

我喜歡西洋的音樂與繪畫，所以還算是擅長英文。記住這些字眼讓人覺得好像很厲害耶。

真是厲害，除了 SEO 之外，會一直出現許多新的名詞，讓我們不怕辛苦，一起學習吧。

演算法到底是什麼？

演算法就是決定排名（搜尋結果順序）的規則，Google 會從不同的角度替網站**打分數**與決定網站的排名。打分數的項目以及該項目的最高分為幾分的規則就稱為「演算法」。Google 總是不斷地改良演算法，大規模的改良會以「**演算法更新**」的方式由 **Google** 自行發表，要注意的是，有許多網站的排名會因此產生劇烈變化。

圖1-4-1 Google 對網站的評價

為什麼要更新演算法？

Google 的工作是從大量的網站挑出符合使用者搜尋目的之網站，雖然演算法已經很聰明，但仍不完美。大家是否有過找不到需要的網站，不得不重新搜尋的經驗？ Google 每天都在研究消除這類「誤差」的方法，哪怕只消除一點都好。

另一方面，找出不適當的網站也是「演算法」的工作，對使用者無用的網站、其他官網的複製網站、塞滿無意義連結的網站，這些都會被當成不適當的網站，而且還會受到懲罰。受罰的網站會被大幅調降順位，甚至有時會排除在搜尋結果之外。

圖1-4-2 Google 的罰則

Google 之所以如此頻繁地更新演算法，是因為市佔率世界第一的搜尋網站 Google 將「做出實用的搜尋網站」當成自己的使命。

熊貓演算法更新與企鵝演算法更新

演算法的更新幅度每次都不一樣，更新頻率之頻繁就如天天更新似的，最為有名的有熊貓演算法更新與企鵝演算法更新。

圖1-4-3 大規模演算法更新

熊貓演算法更新的特徵

熊貓演算法是負責確認內容品質的演算法。

- 是否為其他官網的複製網站？
- 是否有很多張一樣的網頁？（重複內容 ➡ P.24）
- 是否為字數很少，對使用者沒有幫助的網頁？

從熊貓演算法更新可知，**要執行 SEO 對策，就要重視「內容的品質」**。

企鵝演算法更新的特徵

企鵝演算法是確認連結品質的演算法。

- 是否有來自低品質（或沒有內容）的網站的連結？
- 是否大量張貼了付費連結？
- 是否有自導自演的嫌疑，張貼了毫無關聯性的網站的連結？

由企鵝演算法可知，「**要張貼連結，該連結必須是具有關聯性的網站**」。製作重視內容的網站，後續因內容而被轉貼網址，才是走正路的 **SEO** 策略。

Lesson
1-5

製作網站必須銘記於心的大原則

為什麼內容不能重複？
問題與對策

Google 非常重視內容的品質，會以熊貓演算法排除內容低劣的網站，網站經營者要注意的是，一旦內容重複，有時甚至會被 Google 處以重罰。基本原則是「不要製作重複的內容」，但有時的確會不得不製作重複的內容，此時就必須先針對這部分打預防針。

我朋友曾因重複內容受罰，到現在網站都沒辦法出現在搜尋結果之內，讓他超難過的。

這有可能是惡質的重複內容唷。是他自己製作的內容嗎？

他好像是以低價購買了大量內容，然後一口氣更新網站……

何謂重複內容？

重複內容就是內容相同或有很多重複部分的內容，可分成同一網域底下有重複內容以及不同網域底下有重複內容的情況。假設重複內容被視為是低品質的內容，搜尋結果的排名就有可能會往下掉，這點可千萬要注意。

圖1-5-1 於同一網域配置的重複內容

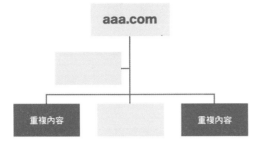

圖1-5-2 於不同網域配置的重複內容

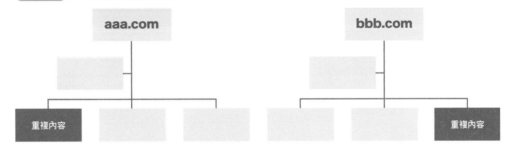

為什麼內容不能重複？

2016 年，某個網站利用「增加內容」的 SEO 策略鑽漏洞，製作了大量違反著作權的複製內容，也因此演變成重大事件。以極低的價格讓沒有專業知識的寫手撰寫醫療、健康這類專業領域的稿子是引爆問題的原因之一，這個網站也從其他網站複製了大量未經許可就不能使用的內容。

在重複內容這類問題之中，這類「違反著作權的複製內容」不僅會被 Google 懲罰，還會牽扯到法律問題。

圖1-5-3 處罰對象

惡劣的重複內容

就算不是複製其他公司的內容，下列的例子也算是內容重複的情況。

- 重複撰寫相同的主題，而且內容有部分相同。
- 商品頁面的產品雖有不同顏色，但除了顏色的說明之外，其他內容都相同。
- 雖然製作了電腦版與手機版網站，兩個網站的內容卻完全一樣。
- 製作了網頁版與印刷版的頁面，但內容卻完全一樣。

上述這些情況不會受到 Google 處罰，也不會引發法律問題，但這些網頁之中的某些網頁，有可能會被調降搜尋結果的順位。

因為當使用者看到類似的網頁同時出現在第一名或第二名的順位會有什麼結果？當使用者看了第一名的頁面之後，想比較其他頁面的內容而看了第二名的頁面，結果發現內容居然相同，這時當然會覺得「Google 真是沒用」。為了避免這類問題，Google 不會讓內容相同的頁面同時登上搜尋結果的前幾名。

如何找出重複的內容？

找出重複內容的方法有很多種。

搜尋原稿的部分內容

寫文章的時候，若覺得「這內容好像之前寫過」，或是覺得外部寫手寫的文章好像「似曾相識」的話，不妨複製原稿裡的部分內容，貼到搜尋方塊搜尋看看。

圖1-5-4 搜尋原稿

本範例為在搜尋方塊搜尋下列的內容。

> 在重複內容這類問題之中，這類「違反著作權的複製內容」不僅會被 Google 懲罰，還會牽扯到法律問題。

結果沒找到這段文字。如果找到相同的文字，代表前後的內容也有可能相同，此時請確認一下該網頁的內容。

工具輔助 ①　copypelna

也有幫助我們發現重複內容的工具。例如 ANK 公司開發的複製貼上內容判斷軟體的「copypelna」就是其中之一。

● copypelna

http://www.ank.co.jp/works/products/copypelna/

圖1-5-5　copypelna 的搜尋結果

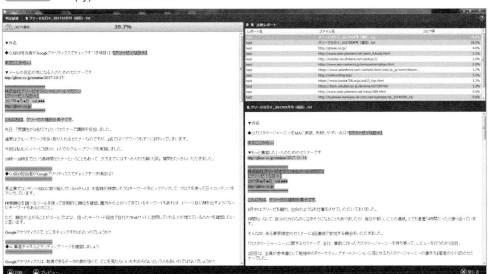

圖1-5-6　確認文件與文件之間的內容

確認重複內容

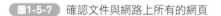

圖1-5-7　確認文件與網路上所有的網頁

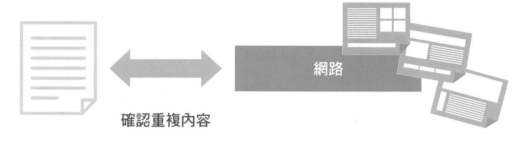

網路

確認重複內容

工具輔助 ②　sujiko.jp

「sujiko.jp」這個網路服務也是工具之一。

● 判斷重複內容、鏡射網站、類似頁面的工具「**sujiko.jp**」
http://sujiko.jp/

只要輸入兩個 URL，就能確認內容是否重複。會顯示綜合判斷、標題相似度、內文相似度、HTML 相似度這幾種判斷結果。

圖1-5-8 sujiko.jp 的搜尋結果

解決重複內容的對策

重複內容可透過下列的對策解決。

不製作重複頁面或刪除頁面

基本上，就是避免在網路製作重複的內容，一來不利於 SEO 對策，二來使用者也可能混淆。即使有人覺得不錯而幫忙張貼連結，也可能因為有多張一樣的頁面而導致連結分散。在一個頁面貼入大量優質連結是 SEO 對策非常重要的一環，所以為了避免連結分散，避免製作重複內容也是方法之一。若發現重複的內容，如果不是必要的呈現不妨就將其刪除。

利用 canonical 標準化

canonical 標籤可在有重複網頁時，告訴 Google「這個網頁是正規網頁」。

讓我們以顏色各有不同的包包頁面為例。假設目前有兩個頁面，一張是黑色包包的頁面，一張是白色包包的頁面，兩個頁面的內容除了顏色敘述的部分不同，其餘全部相同。不管是黑色包包頁面還是白色包包頁面，使用者都可能會瀏覽。假設黑色包包頁面是主要頁面，那麼可在白色包包頁面撰寫「黑色包包頁面為正規頁面」，就能讓黑色包包頁面標準化。可於 <head> 與 </head> 之間撰寫下列內容。

```
<link rel="canonical" href="http://aaaaaxxxxx.com">
```

http://aaaaaxxxxx.com 的部分可改寫成正規頁面的 URL。

圖1-5-9 標準化的效果

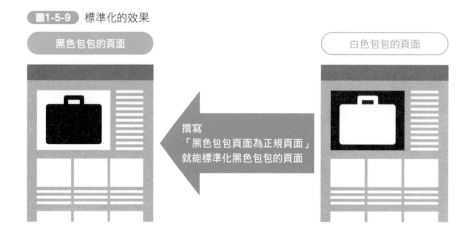

301 轉址

前一頁說明的 canonical 標籤是在訪客有可能瀏覽重複頁面（上例是黑色包包與白色包包的頁面）之際使用的標籤。

301 轉址則是只希望訪客瀏覽重複頁面之一所使用的手法。若只想讓訪客瀏覽 A 頁面，可將瀏覽 B 頁面的使用者導向 A 頁面。讓我們利用 301 轉址，將訪客從 B 頁面導向 A 頁面。

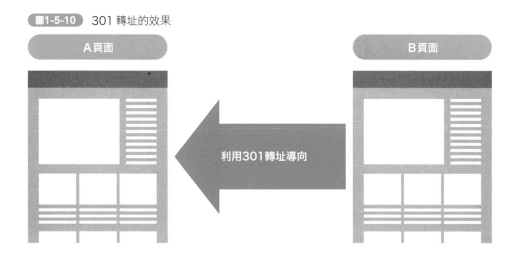

圖1-5-10 301 轉址的效果

A頁面　　　　　　　　　　　　B頁面

利用301轉址導向

MEMO ///

也要注意網域是否重複。下列會顯示相同的頁面（網站的首頁）。要注意有無
「WWW」、「index.html」之外，也要注意「http://」與「https://」的差異。

例)

http://www.aaaaaxxxxx.com/

http://aaaaaxxxxx.com/

http://aaaaaxxxxx.com/index.html

https://aaaaaxxxxx.com/

Lesson 1-6

獲得新訪客的第一步

了解列表廣告與自然搜尋的用途

經營網站時，最想要的就是新訪客，沒有新訪客就沒有業績，但只憑 SEO 對策可不是攬客的好方法，所以接下來就要介紹一下列表廣告。

我已經知道網站經營者一定要懂 SEO 對策，但是要花很多時間，網站才能擠進搜尋結果的前段班吧？

話說回來，不創造業績，就無法繼續經營網站。

網站的攬客策略可不只有 SEO 喲，也可以善加利用廣告。

何謂列表廣告？

當我們利用搜尋引擎搜尋，有時只會顯示自然搜尋的結果，有時自然搜尋結果的上方會顯示廣告。

這是因為有廣告主買廣告，就會根據關鍵字在搜尋結果安插廣告的機制。Google 或 Yahoo! 這類搜尋引擎顯示的廣告就稱為列表廣告（**圖 1-6-1**）。隨著關鍵字切換的廣告為「動態搜尋廣告」，由於廣告費用會隨著點擊次數增減，所以又稱為「PPC（Pay Per Click）廣告」。

圖1-6-1 列表廣告

Google 提供的列表廣告為「Google AdWords」，Yahoo! 提供的列表廣告為「Yahoo! 宣傳廣告（Sponsored Search）」。

圖1-6-2 Google AdWords（左圖）與 Yahoo! 宣傳廣告（右圖）

https://adwords.google.com/

https://yahoo-smbmarketing.tumblr.com

列表廣告的優點

列表廣告具有下列的優點。

優點 ① 即效性

只要一購買列表廣告，就能立刻讓自家網站登上搜尋結果。若考慮 SEO 策略必須實施幾個月～幾年的時間才有效果，即效性的優點不可謂之不大。

優點 ② 可控制預算

列表廣告是依照點擊次數計費，反過來說，沒人點擊就不會產生費用。

相較於沒人點擊也得付費的橫幅廣告，列表廣告可低預算購買，是容易控制預算的廣告。

優點 ③ 可自由操控

列表廣告屬於競標制，以較高金額競標特定關鍵字，就能讓廣告文案的搜尋結果排名更前面。相較於無法預測搜尋結果排名的 SEO 策略，列表廣告算是較能掌握的行銷方式，而且可自行設定是否顯示廣告，也能輸入每次點擊的單價，可輕鬆設定每個月的廣告預算。

圖1-6-3 列表廣告的設定

列表廣告的缺點

列表廣告的優點雖然很有魅力，**但我們還是得執行 SEO 策略**。以下説明列表廣告的問題與缺點。

缺點 ①　點擊率的問題

如果一口氣顯示了多筆列表廣告，會導致自然搜尋的結果被擠到很下面，而**使用者也傾向避開這些列表廣告，從自然搜尋的結果開始點擊**。

這應該是對廣告有所防備的結果。而且許多人知道點擊廣告不一定能找到需要的網站，所以不一定會點擊廣告。

缺點 ②　廣告費的問題

列表廣告的確是只需要支付點擊的費用，所以預算不高也能購買，但這説到底還是廣告，只要一直刊登廣告，就得一直支付廣告費用。

列表廣告與 SEO 策略的並行策略

假設能正確執行 SEO 策略，自家網站是有可能免費登上搜尋結果第一頁的，而且點擊率也比列表廣告來得高，所以**就長遠來看，還是建議大家認真執行 SEO 策略**。

網站公開後，可先利用列表廣告招攬客人，等到利用 SEO 策略進入搜尋結果的前段班之後，就能減少廣告費用，也能利用 SEO 策略招攬客人。

圖1-6-4　招攬客人的策略

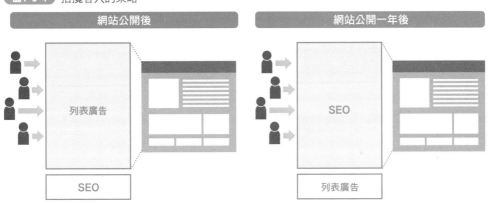

Lesson
1-7

現在已是支援智慧型手機搜尋的時代

行動時代的 SEO 策略

LINE、Facebook、Instagram 這類社群網站的使用者越來越多，現在也是人手一台智慧型手機或其他行動裝置的時代。沒有電腦，只有智慧型手機的年輕人也越來越多，就連銀髮族也開始使用智慧型手機與平板電腦。在 Google 呼籲網站支援行動瀏覽的此刻，網站當然就該支援行動瀏覽。

前幾天舉辦了夏威夷珠寶展，但大部分的客人都是利用智慧型手機搜尋才知道。

現在的年輕人愛智慧型手機更勝 PC，今後一定會有越來越多智慧型手機的使用者。

SEO 的世界也必須支援智慧型手機。

▌必須支援！行動裝置友善的網站

所謂行動裝置友善指的是除了支援 PC，更方便智慧型手機這類行動裝置瀏覽的網站。隨著行動裝置的使用者大增，方便行動裝置瀏覽的網站也成為現行標準。

就 SEO 策略的觀點來看，Google 在 2015 年 4 月採用了「行動裝置友善演算法」，此舉也讓行動裝置友善的網站在行動裝置搜尋結果的順位大幅提升，不是行動裝置友善的網站則排名下滑。

行動裝置友善演算法更新只會讓行動搜尋的排名下滑，不會影響以 PC 搜尋的結果。採用行動裝置友善演算法，各網站在 PC 搜尋與行動搜尋的排名也出現了差異。

行動裝置使用者以特定關鍵字搜尋與顯示網站時，顯示支援行動裝置瀏覽的網站會比較方便，這麼做也可避免使用者無法看清楚電腦版網站的文字或按鈕。

確認網站是否對行動裝置友善的方法

只要手動縮放 PC 的瀏覽器視窗，就能知道網站是否支援行動裝置。此外，也可在 Google 提供的「行動裝置相容性」頁面輸入要確認的網址，就能確認該網站是否支援行動裝置瀏覽。

圖1-7-1 行動裝置相容性測試

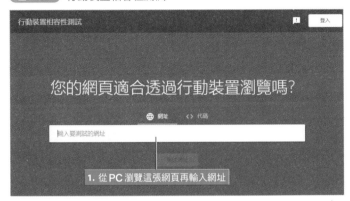

https://search.google.com/test/mobile-friendly

圖1-7-2 測試之後的畫面

何謂行動裝置優先索引？

除了「行動裝置友善」之外，還有另一項方針足以體現 Google 重視行動裝置的傾向。2016 年 11 月，Google 在網站管理員官方部落格發表了「行動裝置優先索引」。在此之前，都是以支援 PC 的網站作為 Google 搜尋基礎。行動裝置優先索引是決定**行動版網站搜尋結果排名的方針**，而不是決定電腦版網站的排名。

圖1-7-3　評估基準

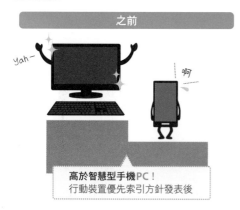

之前

高於智慧型手機PC！
行動裝置優先索引方針發表後

智慧型手機高於PC！

智慧型手機高於PC！
評估行動版網站再決定搜尋結果的順位

利用響應式網頁設計製作網站

要支援行動裝置友善或行動裝置優先索引，又要應付行動裝置的使用者，就必須製作行動版網站。

但也不可能因此同時製作電腦版與行動版的網站，因為成本與心力都會因此增加兩倍。不過若以**響應式網頁設計打造網站，就能讓網站依照使用者的瀏覽環境，切換不同的版面**。

圖1-7-4 響應式網頁設計

依照電腦、平板電腦、智慧型手機這類瀏覽環境切換成最理想的版面

圖1-7-5 電腦與行動裝置的畫面

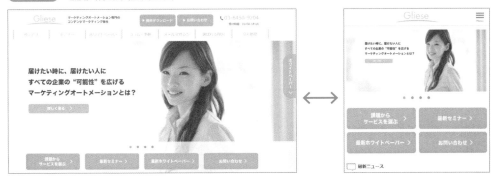

從圖 **1-7-5** 可知,支援響應式網頁設計的網站會在瀏覽器視窗縮小時,自動切換成行動版網頁,反正,若放大瀏覽器視窗,就會切換成電腦版網站。

COLUMN ○ ○ ○ ○ ○ ○ ○ ○ ○ ○

Google 重視行動裝置友善

從行動裝置友善演算法與行動裝置優先索引這兩項做法來看，就能看出 Google 有多重視行動裝置。Google 採取的是讓「支援行動裝置瀏覽的網站」搜尋結果排名提高的方針。

Google 也建議網頁開發者製作支援行動裝置瀏覽的網頁。

Google 在自家的頁面如此敘述。

美國的智慧型手機使用者有 **94%** 是利用智慧型手機搜尋本地資訊，有 **77%** 的行動裝置搜尋是在自家或辦公室。明明是可以很方便以電腦搜尋的地點，卻利用智慧型手機搜尋這點，著實令人玩味。

Google 指出，若不是行動版網站，使用者有可能會因為文字、圖表過小而離開網站，就算想要繼續瀏覽，也只能用手指放大文字或圖表，這在瀏覽上是非常不方便的。

https://developers.google.com/search/mobile-sites/#top_of_page

COLUMN ○ ○ ○ ○ ○ ○ ○ ○ ○ ○

Amazon、樂天市場這類電商網站的 SEO 策略

若打算經營網路商店，或許可選擇在 Amazon 或樂天市場這類大型電商網站開店。

假設是獨立網址的 SEO 策略，則可如本書內容，針對 Google 這類搜尋引擎實施 SEO 策略，但電商網站的 SEO 策略卻不太一樣。

每個電商網站都有自創演算法的搜尋引擎。

Amazon 的 SEO

Amazon 的搜尋引擎稱為「A9」。

Amazon 目前並未公開演算法的細節，但一般認為是以商品資訊、銷售數量、庫存數、購買按鈕頁面瀏覽率與評論率作為搜尋基準。

與 Google 的相同之處在於在商品資訊放入具體的關鍵字，讓顧客能快速取得商品資訊一樣非常重要。此外，比起評論的數量，★越多的評論似乎越受好評。

圖1-7-A Amazon

https://www.amazon.co.jp/

樂天市場的 SEO 策略

根據樂天市場的發表，在樂天市場購物的顧客有六～七成是使用樂天市場的搜尋引擎，因此在樂天市場開店，就必須擠進樂天市場搜尋結果的前段班。

在前幾年幫助某家玩具店家的時候，「評論數」仍是樂天 SEO 策略裡的重要元素。

到了現在，商品資訊、銷售個數似乎比評論更加重要，但樂天市場的演算法也依舊沒有公開細節。

在樂天市場開店時，或許可在樂天大學收集資訊。

不可否認的是 Amazon 或樂天市場這類電商網站的搜尋引擎無非都是為了「想增加業績」。

圖1-7-B 樂天市場

https://www.rakuten.com.tw/

Lesson 1-8

搜尋多元化之際的 SEO 策略

搜尋方式居然因為
語音搜尋而改變！

隨著智慧型手機普及，街上隨處都能看到有人使用語音搜尋功能。尤其是「在智慧型手機普及之後出生」的年輕人即使是利用電腦搜尋，也會使用語音搜尋這項功能。一旦語音搜尋更加普及，**SEO** 策略又該如何調整呢？

「Ok！Google」「最近的便利商店在哪裡？」「教我怎麼做好吃的炒飯」「呃…接著要問什麼咧？」

你很常使用語音搜尋耶，我也很常用來問天氣，問地點，語音搜尋真的很方便啊！

我是有點不太好意思使用，不過語音搜尋會慢慢普及吧？

▌什麼是語音搜尋呢？

大家是否看過「OK！Google」這個電視廣告？這廣告分成很多個版本，但都是從對智慧型手機說「OK！Google」開始，廣告裡使用的是「**Google 助理**」這項語音搜尋工具。

iPhone 的「Siri」祕書功能也是很有名的語音搜尋工具，只要按住主畫面鍵，顯示「有什麼我可以幫忙的嗎？」就能與 Siri 對話。

所謂語音搜尋是指利用**語音進行搜尋**，而不是輸入文字再搜尋的方法。搜尋時，只要說出「請告訴我～」、「～在哪裡？」、「搜尋～」這類問題，搜尋引擎就會從搜尋結果找尋最適當的答案，也會以語音的方式回答答案。

隨著智慧型手機的普及，語音搜尋功能也瞬間普及了。而且在 2017 年出現的「Google Home」、「Amazon Echo」、「Clova WAVE」智慧音箱也進一步炒熱話題，不難想像接下來以語音搜尋的機會越來越多。

圖1-8-1 智慧音箱 Google Home

語音搜尋增加後，會有什麼變化？

語音搜尋只需要說話就能搜尋，所以比輸入文字的搜尋方法「更加簡便」，而且智慧型手機與各種類似的裝置也已於生活普及，所以我們能更順手地使用語音搜尋。

當語音搜尋越來越普及，將會發生下列的變化。

搜尋頻率會增加

一旦語音搜尋變得更簡單，我們一定會更**頻繁地「搜尋」**，許多關鍵字也會被一再搜尋，進而開拓出新市場。

圖1-8-2 日常生活的語音搜尋

三個單字、四個單字、五個單字，以多個關鍵字搜尋的頻率會變高

語音搜尋可讓我們省去手動輸入文字的麻煩，因此以**多個關鍵字搜尋的頻率**應該會變高。只要問題夠具體，就能得到更具體的答案。今後有可能不只是以「新宿　午餐」、「新宿　午餐　淑女」這類關鍵字搜尋，而是以「新宿車站　周邊　午餐　淑女　一千元之內」或「新宿站　摩天大樓　午餐　義大利料理　附紅酒」這類想得到的關鍵字進行搜尋。

圖1-8-3　搜尋的關鍵字變多

從關鍵字搜尋到輸入文章

「列出關鍵字」是文字搜尋的基本模式，但語音搜尋卻能以「請告訴我在新宿車站周邊，提供淑女套餐的義大利餐廳」或是「請告訴我這個夏天賣得最好的啤酒是哪個牌子」這類**句子或對話搜尋**。

圖1-8-4　利用句子搜尋

語義不清或情緒字眼搜尋的頻率也會增加

以文字搜尋時，我們會盡可能以**較少的字數**，較少的**搜尋次數**找到我們需要的網頁。搜尋之前，會先思考「該輸入哪些關鍵字」。

但以語音搜尋時，會有什麼變化呢？當我們能以更輕鬆的方式搜尋，就不會思考「該輸入哪些關鍵字」，而是直接**隨著當下的心情搜尋**。例如想要買母親節禮物時，不會再以「母親節　禮物　流行」搜尋，而是有可能會以「我想要買一個可愛又時尚的母親節禮物」，「可愛」、「時髦」、「輕」都是很主觀又很曖昧的字眼。「想辭職」、「不想睡」、「很開心」、「很快樂」，直接以這些**情緒字眼搜尋的機會也會增加**。可預期的是，**搜尋的模式將大幅增加**。

圖1-8-5 充滿情緒的關鍵字

原本

母親節　禮物　流行

今後

我想要買一個可愛又時尚的母親節禮物

語音搜尋讓 SEO 策略的制定變得更困難

即使語音搜尋變得普及，Google 的基本運算法應該還是會承襲現在的演算法，不過就下列這點而言，SEO 策略會變得更難制定。

不是第一名就沒有意義

以文字搜尋時，使用者會在搜尋結果的頁面決定點開哪個網站，換言之，第二名、第三名或之後的網站都有可能被點開。但是語音搜尋卻不是如此，因為**只會念出第一名的網站**，所以**不是搜尋結果的第一名，就很難與使用者相遇**，也讓 **SEO** 策略的實施變得更加嚴峻。

很難找出有用的關鍵字

語音搜尋讓使用者擁有更多元的搜尋手段。例如以句子、問題、曖昧的字眼、情緒性字眼搜尋都是方法之一，由此可知，**使用者的搜尋方法將變得更加複雜**，而就這點而言，**更難找出有用的關鍵字，也更難擬定 SEO 策略**。

語音搜尋**勢必會蓬勃發展**，請務必從現在開始注意語音搜尋的動向，並且研擬相關的對策。

Lesson
1-9

上傳影片就去YouTube

影片 SEO 的實施方法

有時候除了文字之外，也會顯示影片的搜尋結果。影片的縮圖通常得特別一點，才容易被點選。由於現在已經能利用智慧型手機輕鬆拍攝影片，所以也有一些網頁的內容都是影片。既然要使用影片，那麼就要做成有利於 SEO 實施的樣子，接著就讓我們說明執行影片 SEO 策略的方法。

有時候搜尋結果會出現影片耶，這些結果都有縮圖，很常讓人不小心就點下去。

我也很常點啊，因為實在是太搶眼了。

我有很多製作夏威夷珠寶的影片耶，該怎麼做才能讓影片擠進搜尋結果的前段班呢？

何謂影片 SEO 策略？

影片 SEO 策略就是利用製作的影片讓網站擠進搜尋結前段班的策略。例如搜尋「指尖陀螺 玩法」，搜尋結果的第五、六、七名都是影片，一點選，就會播放 YouTube 的影片（**圖 1-9-1**）。

像這樣**直接連往 YouTube 這類影音網站**是影片 SEO 策略最常見的手法。

另一種方法就是在自家網站內嵌影片的手法。**在網頁內嵌影片有助於提升內容的品質與搜尋結果的排名。**

圖1-9-1 Google 熱門的影片內容

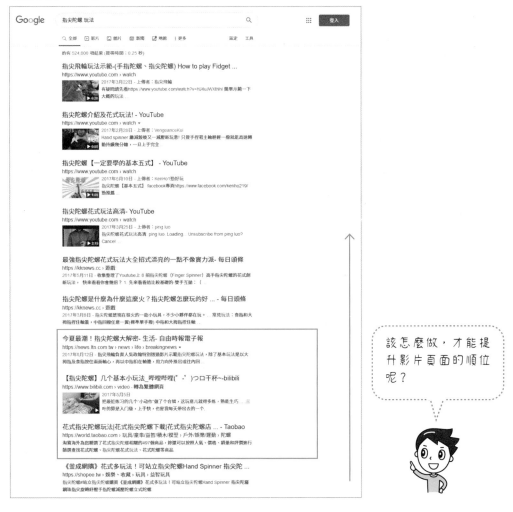

要上傳影片就去 YouTube 的兩個理由

假設相機裡有很多影片，或者已經用智慧型手機拍了很多影片，就應該先將影片上傳至網路。網路上有許多可上傳影片的服務，但為了後續的 SEO 策略，建議上傳至 YouTube，理由有以下兩個。

理由 ① 與 Google 的相容性較高

YouTube 是 2005 年於美國誕生的影音分享網站，2006 年 10 月被 Google 併購後，成為互相持股的公司。

圖1-9-2　YouTube 被併入 Google 旗下

因為是「互相持股的公司，所以相容性較高」的邏輯雖不一定成立，但 Google 的搜尋結果有越來越多的 YouTube 影片也是不爭的事實，而且還逐年增加中，各位一定有過搜尋時，「搜尋結果的第一頁顯示了 YouTube 影片」的經驗。搜尋「○○的做法」、「○○的步驟」、「試著做過○○」這類內容絕對比較適合做成影片，也會比文字說明來得簡單易懂，Google 也很積極讓使用者覺得「**想透過影片觀賞**」、「**影片比較容易懂**」、「**影片比較正確**」的內容進入搜尋結果。

Google 產品資訊網頁（https://about.google/products/）有以下說明。

> 完美的搜尋引擎是能正確了解使用者意圖，完美回應使用者的需求。

Google 不斷思考「使用者想搜尋的資訊是什麼？」也想「顯示對使用者最有用的頁面」，所以就「以影片呈現會比較簡單易懂」的關鍵字而言，讓 YouTube 影片進入搜尋結果前幾名是理所當然的。

理由 ②　作為搜尋引擎使用的 YouTube

YouTube 不僅是影音分享網站，也是很受歡迎的搜尋引擎。在過去，Google 與 Yahoo! 是世界兩大巨頭的搜尋引擎，但現在 YouTube 已是僅次於 Google，且世界排名第二的搜尋引擎。這代表許多人都想直接觀看影片，從中尋找解決問題的線索。基於上述兩個理由，要上傳影片當然就要上傳至 YouTube。

製作影片的祕訣

製作與上傳影片時請注意以下幾點。

影片的長度

影片若是太長,透過網路觀賞時很容易生厭,但長度太短、內容太薄弱的影片也無法傳遞資訊,所以最好讓影片長度落在三分鐘之內,盡可能地濃縮相關的資訊。

劇本

影片的總觀看時間以及「觀眾是否收看到最後」都會影響 SEO 策略的效果,建議大家製作能在影片開頭就牢牢抓住觀眾內心,讓觀眾看到最後的影片。總觀看時間可於 YouTube 的管理畫面確認。

收尾

既然製作了影片,當然別只是「看完就沒了」,還要引導觀眾進行下個步驟。此時應該要告訴觀眾「感謝收看,如果想進一步了解可索取資料」或是「謝謝觀看影片,想進一步了解可撥打諮詢電話」這類明確的訊息,讓觀眾知道影片的目的(出口)為何。

將影片上傳至 YouTube 之際的 SEO 策略的注意事項

將影片上傳至 YouTube 的時候,請在管理畫面的三個位置輸入關鍵字。

- 標題
- 說明
- 標記

圖1-9-3 YouTube 的設定畫面

COLUMN ○ ○ ○ ○ ○ ○ ○ ○ ○ ○

圖片、地圖、購物⋯⋯Google 的分頁規則

Google 的搜尋結果頁面會列出「全部」、「圖片」、「影片」、「地圖」、「新聞」、「購物」、「書籍」、「航班」這類分頁。**這些分頁的順序不是固定的，是 Google 依照關鍵字調整成「使用者想瀏覽的順序」**。舉例來説，若搜尋「鬆餅　製作方法」，「全部」分頁的右側會是「影片」與「圖片」。

圖1-9-A 以「鬆餅製作方法」搜尋

Google 認為搜尋「鬆餅製作方法」的使用者一定想「觀賞製作鬆餅的影片」或是「想要觀賞鬆餅的圖片」，所以調換了分頁的順序。若以下列的關鍵字搜尋，分頁的順序也會產生變化

- 搜尋「鬆餅　原宿」，分頁順序會是「地圖」、「圖片」、「新聞」
- 搜尋「鬆餅機 比價」，分頁順序會是「圖片」、「地圖」、「購物」。

圖1-9-B 分頁順序會隨著關鍵字調整

連這麼瑣碎的小地方都想到要讓「使用者更方便使用」、「讓使用者更開心」，無怪乎 Google 會成為世界第一的搜尋引擎。

智慧型手機原生世代改變搜尋！

支援 Twitter、Instagram、YouTube 搜尋

目前 Google 雖然仍是市佔率第一的搜尋引擎，但隨著社群網站的使用者增加，也不斷出現「有時候會使用社群網站搜尋」的情況。催生新搜尋方式的就是被稱為「智慧型手機原生世代」的年輕族群。他們都是如何使用不同的搜尋方式呢？

我用過很多社群網站，最近較常用的是 Instagram。

我也是，有時候只是想自己碎碎念一下，能只與熟悉的朋友交流是最大的優點。

我也會用來搜尋，例如搜尋一些有急需性或八卦的內容。

我們這世代說到「搜尋」就會想到 Google，但年輕世代也會透過社群網站搜尋呢。

智慧型手機原生世代的搜尋現況

智慧型手機原生世代用於搜尋的社群網站包含 Twitter、Instagram、YouTube 或是其他社群網站。所謂智慧型手機原生世代指的是於智慧型手機已經普及的時代出生的族群，這個族群熟悉智慧型手機的程度更勝於電腦，也是自然而然使用社群網站搜尋的世代。

比起搜尋引擎提供的網路資訊，他們更相信朋友或夥伴，而他們都是如何透過社群網站搜尋的呢？

圖1-10-1 智慧型手機原生世代

利用 Twitter、Instagram、YouTube 搜尋的方法

接著讓我們針對智慧型手機原生世代最常使用的三個社群網站探討搜尋方式。

Twitter 搜尋

我自己也會在想要知道新聞、體育結果、地震快報這類「**當下**」**的資訊時使用 Twitter**。使用 Twitter 搜尋可取得即時資訊。

除了可取得即時資訊，也能知道別人的想法與心情，取得共鳴的資訊。取得這些資訊之後，便可開心地與親朋好友交流。

Instagram 搜尋

相較於以文字交流的 Twitter，Instagram 是以**照片為交流方式**的社群網站，能透過如磁磚般排列的照片與朋友分享「**眼前的世界**」與「**體驗**」。搜尋餐廳、咖啡廳、觀光勝地、美食、時尚這類**較上鏡頭的地點**時，通常會使用 Instagram，而不是 Twitter，希望照片更勝文字資訊的人，也會利用 Instagram 搜尋。

這類 Instagram 的**圖片搜尋又稱為「視覺搜尋」**。

YouTube 搜尋

相較於文字搜尋的 Twitter、Instagram 的圖片搜尋，YouTube 屬於影片搜尋，**想搜尋「～的做法」、「～的方法」這類影片時**，就會在 YouTube 搜尋。

> **MEMO**
>
> 用於聯絡的 LINE 也是社群網站的一種，也越來越多人當成搜尋工具使用。在 LINE 的搜尋方塊輸入關鍵字，就能從過去的資料找出包含該關鍵字的訊息。使用者較多的社群工具越來越常被當成搜尋工具使用。

加速社群搜尋的 Hashtag

助社群搜尋一臂之力的是 Hashtag。Hashtag 可利用「#」符號（井號）與關鍵字搭配使用。在 Hashtag 前後輸入半形字元就能標記多個 Hashtag。

圖1-10-2 Twitter 貼文範例

在社群網站投稿時順手加上 Hashtag，可更方便其他使用者搜尋。搜尋時可利用 **Hashtag 加速搜尋，或是與親近的朋友分享自己的興趣或最近感興趣的事情。**

智慧型手機原生世代催生的新型搜尋方法

智慧型手機原生世代的年輕人是「不想看電視」、「從智慧型手機取得報章雜誌的資訊」、「新年賀卡也用智慧型手機傳送」、「買東西也用智慧型手機」的族群，雖然我們這些成熟世代的大人會覺得「跟以前有很大的不同」，但他們卻覺得「出生之後就是這樣的世界」。

今後的搜尋板塊一定會從電腦慢慢位移到智慧型手機，智慧型手機原生世代的孩子們也將成為社會的中間分子。觀察智慧型手機原生世代如何搜尋資訊，是擬訂 SEO 對策之際的一大關鍵。

Chapter 2

決定關鍵字
～SEO 準備篇～

執行 SEO 策略之際，最重要的就是選擇關鍵字。思考要招攬何種類型的顧客，再尋找這類顧客會使用的關鍵字。

關鍵字不一定只能一種，可以找出很多個關鍵字，利用各種關鍵字招攬顧客。

選擇可增加注目度的關鍵字！請大家務必抱著這個心態尋找適當的關鍵字。

想招攬哪些訪客？
挑選關鍵字的常見錯誤

在執行 SEO 策略時，最該先決定的是「關鍵字」。希望以哪些關鍵字闖入搜尋結果的前幾名？如果挑錯關鍵字，有可能招攬不到目標顧客，而且就算登上第一名的寶座，也有可能犯下「挑到沒人使用的關鍵字」這種大錯。

我可以臭屁一下嗎？用我的名字搜尋，會發現我的網站是搜尋結果的第一名啊，而且用店名搜尋也是第一名。這很厲害吧？

我是很想說「很厲害啦」，但會有人用你的名字或店名搜尋嗎？

如果不是朋友或是店裡的常客這些早就知道你的名字或店名的人，才不會這樣搜尋吧？

所以，你希望哪些人透過搜尋來訪網站呢？

決定具體的目標族群

網路的美妙之處在於「隨時」、「隨地」都能與「任何人」產生關聯性。例如在東京都立川市的門市銷售夏威夷珠寶，只有立川市周邊的顧客會來光顧吧，即使被電視或雜誌報導，能有客人從東京都心、神奈川或埼玉光臨，就已經是很值得開心的事了（**圖 2-1-1**）。

但在網路普及的現在，「與他人相會的可能性」已大幅增加。

圖2-1-1 實體店面的極限

> **東京都立川市的實體店面**
> ▼
> 大部分的顧客都是當地人

太遠了

去不了…

北海的居民

沖繩縣的居民

網路的力量

隨　　時	24 小時，365 天，只要連上網路就能不斷地接收到顧客上門，就算是在睡覺，也可能會有顧客來網站買東西。
隨　　地	不管是在東京都立川市還是在小島上，只要能連上網路，就能在任何地點開店，顧客也可能來自世界各地。在網路的世界裡，沒有「商圈」這種概念。
任 何 人	或許有人會說：「實體店面也能與任何人產生關聯性」，但真正能與任何人做生意的管道當然還是網路。只要搜尋一下，就能招攬到全世界的客人。

若只針對知道你的名字、店名或部落格名稱的人做生意，實在是太可惜。**最好是能與陌生人或實體店面無法招攬的異地客人建立關聯性**（圖 2-1-2）。

大家希望與何種類型的人相遇呢？

圖2-1-2 網路沒有商圈這種概念

> **網路商店**
> ▼
> 消費者可能來自全國或海外

只有目標族群知道真實的關鍵字

與某位顧客開會時,有過下列這段對話。

> **顧客**:我們是板金塗裝公司,業務是修理汽車。我們想執行 SEO 策略,希望將關鍵字設定為「板金塗裝」,希望能以「埼玉 板金塗裝」或「浦和 板金塗裝」闖入搜尋結果的第一名。
>
> **福田**:你設定的目標族群是?
>
> **顧客**:應該是女性吧,男性通常會自己修理一些小傷痕、小毛病,所以我希望以女性為目標族群。
>
> **福田**:我也是女性,若車子刮傷,我大概不會輸入「板金塗裝」這種關鍵字,因為我根本不懂「板金塗裝」是什麼意思啊(笑)。
>
> **顧客**:咦?所以都會搜尋什麼?
>
> **福田**:大概是「車子 刮傷」、「車子 凹洞 修理」、「車子 塗裝 剝落」、「保險桿 脫落」、「方向燈 破裂」…… 這可是我的親身經歷啊(笑)

從這段會話可以得知,目標族群若是男性,或許「板金塗裝」是不錯的關鍵字。但如果是女性,而且是有點刮傷也不會想要自己處理,對「車子很陌生的女性」,應該不會輸入「板金塗裝」這種關鍵字,而是直接輸入**車子的狀態**。我的這位顧客最後選擇的關鍵字不是「板金塗裝」而是**女性常遇到的車子問題或是汽車常壞的零件**。這次剛好我是「對車子很陌生的女性」,所以才能以「我自己會以哪種關鍵字搜尋」來決定關鍵字。設定關鍵字的時候,**務必具體想像目標族群,調查目標族群都會以哪些字眼搜尋**。

圖2-1-3 不同的目標族群適用不同的關鍵字

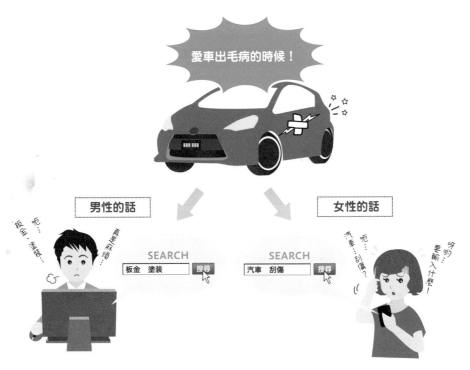

COLUMN

挑選關鍵字的工作表

這是我在舉辦講座時使用的工作表。請依序思考下列五個問題，同時想想可以應用哪些關鍵字。

> Q：希望是何種顧客？請具體描述！
>
> Q：這類顧客會為了什麼煩惱？
>
> Q：這類顧客會於何時搜尋？
>
> Q：這類顧客想知道什麼？
>
> Q：這類顧客會以什麼關鍵字搜尋？（盡可能寫出多個關鍵字！）

講座是以個人先思考，之後再與其他業種的人進行小組討論的方式進行。與其他業種的人交換意見，往往可挑出許多從顧客立場來看的關鍵字。

Lesson 2-2

從何處進攻？

大關鍵字與小關鍵字

SEO 策略的關鍵字有大關鍵字與小關鍵字兩種思維，大家不妨想像成是要釣大魚還是小魚即可。人人都愛釣大魚，但是困難之處在於魚少釣客多，而小魚就魚多釣客少嗎？到底該將目標放在大關鍵字還是小關鍵字才能增加漁獲量呢？你又會選擇哪邊呢？

因為我經營的是夏威夷系列的部落格，所以「夏威夷」絕對是最佳的關鍵字，希望搜尋「夏威夷」的人都能看到我的部落格。

以「夏威夷」這個關鍵字闖入搜尋結果第一名，真的是夢幻般的結果啊。

不但要以「夏威夷」站上第一位很難，妳的部落格也不全是「夏威夷」的內容，若以「夏威夷　珠寶」或「夏威夷　雜貨　可愛」為關鍵字，不是比較能遇到對的顧客嗎？

為什麼不該以大關鍵字為目標？

一聽到 SEO 策略，很多人就想到是要利用特定關鍵字站上搜尋結果第一名，但其實不是這樣。現在的 **SEO** 策略都是以許多關鍵字站上第一名為主要思維。

舉例來說，以「夏威夷」這個關鍵字站上第一名當然會開心吧？但這實在太難，想知道為什麼很難？搜尋「夏威夷」就會知道。一如**圖 2-2-1** 所示，搜尋結果第一頁會擠滿夏威夷觀光局、知名旅行社、航空公司、大型網站，而要以「夏威夷」這個關鍵字站上第一名，意味著要將這些大型網站壓下去。這些網站當然也很用力執行 SEO 策略，所以不難想像要讓自家的網站跟這些網站並列得耗費多少努力與時間。

像「夏威夷」這種有許多網站競爭，而且搜尋的使用者眾多的關鍵字稱為「大關鍵字」，這種大關鍵字的 SEO 策略非常困難，也得耗費不少時間才能擠進前段班。

小關鍵字比較容易擠進前段班？

圖2-2-1 搜尋「夏威夷」的結果

該挑選哪些關鍵字才是上上之策呢？

相對於大關鍵字的是小關鍵字，例如「夏威夷　珠寶　手工製作」就屬於小關鍵字。

相較於搜尋「夏威夷」的人數，搜尋這類小關鍵字的人比較少，但競爭者也少很多，相對來說比較容易擠進前段班。

只要用心執行 SEO 策略，有時候可藉著某些小關鍵字擠進 Google 搜尋結果的第一名。

圖2-2-2 各種關鍵字的特徵

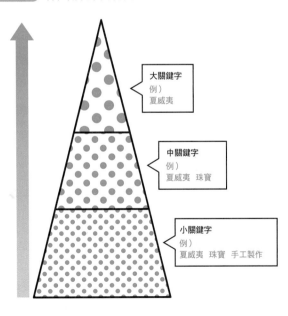

大關鍵字
例）
夏威夷

中關鍵字
例）
夏威夷　珠寶

小關鍵字
例）
夏威夷　珠寶　手工製作

將目標放在小關鍵字的另一個理由

請大家想像一下搜尋「夏威夷」這個關鍵字的人會有什麼想法。

- 想去夏威夷
- 想了解夏威夷的歷史
- 想購買夏威夷的甜點
- 想查詢夏威夷的地點
- 想預約夏威夷的旅館
- 想調查夏威夷的島嶼

上述的每一項有可能是正確解答，也有可能都不正確，換言之，**我們無法了解搜尋大關鍵字的使用者是抱著什麼心情搜尋**，這也是大關鍵字的缺點。

如果你經營的是「夏威夷珠寶」的部落格，那麼就算可透過「夏威夷」找到你的部落格，也無法提供使用者需要的資訊。

那麼將目標放在中關鍵字或小關鍵字呢？搜尋「夏威夷 珠寶」的人可能會有以下想法吧？

- 想要／想購買夏威夷珠寶
- 想了解夏威夷珠寶
- 想找到販賣夏威夷珠寶的店家

如果他們造訪銷售「夏威夷珠寶」的部落格，就能得到想知道的資訊。

換句話說，將目標放在中關鍵字或小關鍵字，**招攬目標更為明確的使用者，可確實提升使用者的滿意度**。

圖2-2-3 想像中的顧客

表2-2-1 大關鍵字與小關鍵字的比較

	大關鍵字	小關鍵字
每月平均搜尋量	多	很少
攬客率	高（許多人搜尋）	低（搜尋的人不多）
競爭	強	弱
SEO 策略的難度	需要花很多時間才能擠進前幾名	短時間內可擠進前幾名
轉換率	不易轉換	容易轉換
使用者的搜尋目的	很難了解	很容易想像
認真度／緊急度	低	高

COLUMN

什麼是長尾關鍵字？

長尾關鍵字幾乎與小關鍵字的意思一樣。設定關鍵字的時候，除了著眼於大關鍵字，也要放眼中關鍵字與小關鍵字，然後將找到的關鍵字依照搜尋次數多寡排列，會發現左側的是大關鍵字，右側的是小關鍵。若以恐龍比喻這張圖表，可以發現小關鍵字相當於恐龍的尾巴（tail），所以才稱為「長尾關鍵字」。

圖2-2-A 長尾關鍵字

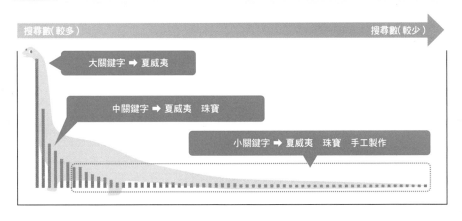

重點是「用自己的頭腦好好想想」

不用多餘的工具！
挑選關鍵字的三大步驟

有許多工具可幫助我們挑選關鍵字，使用工具前必須先有足夠的時間好好思考。即使要使用工具，也得先決定要輸入的第一個關鍵字，而且經過思考後，或許能找到工具無法幫我們找出來的關鍵字。

> 我已經知道要有很多的小關鍵字，但我沒辦法找到許多與「夏威夷 珠寶」有關的關鍵字。

> 使用工具尋找關鍵字固然是很快的方法，但還是建議在使用工具之前，先預留一段足以仔細思考關鍵字的時間。工具可以給我們很多建議，但我們也要做好準備，才能應用這些建議。

步驟① 具體想像顧客的全貌

現在有許多工具可幫助我們挑選關鍵字，但還是得先自己想像顧客的全貌以及他們「會使用哪些關鍵字搜尋」。此時可從各種角度想像，例如顧客「是男是女？」「年齡多大？」「住在哪邊？」「有什麼煩惱，什麼時候會搜尋？」「會利用電腦還是智慧型手機搜尋」，先想像是件非常重要的事情。

就算要以「夏威夷 珠寶」為主要的關鍵字，目標顧客是希望手工製作的女性還是有錢人，該使用的關鍵字也不一樣喲。

網站的內容與外觀也會跟著改變，所以，讓我們具體想像一下「你希望誰是你的顧客」。

步驟② 透過小組討論讓想法拓展

如果一個人想破腦袋也想不出來，不妨跟員工、工作人員、同事、夥伴來場小組會議，不要一下子就選擇以工具不分青紅皂白地篩選關鍵字，而是先根據自己的經驗與實戰結果思考。

圖2-3-1 挑選關鍵字的會議

步驟③ 詢問顧客

如果有實體店面或是**有機會與顧客交流**，請務必問問顧客「是利用哪些關鍵字搜尋到自己」。

某間技職學校對入學的學生實施「有在網路搜尋我們這間技職學校嗎？」「都是利用哪些關鍵字搜尋的？」的公聽會，所以就能了解學生在高中二年級、三年級的時候，都是以哪些關鍵字搜專職學校。

不知道該上大學還是技職學校的男學生回答是以「技職學校　大學　差異」或「大學　技職學校　公務員」搜尋。

可以發現，不僅「技職學校」這個關鍵字重要，「大學」這個關鍵字也很重要，所以也會知道網站內容必須具備「大學與技職學校的差異」或「要成為以務員，該進入大學還是技職學校？徹底比較！」這類主題。

訪談學生後會發現，某些學生是「媽媽幫忙搜尋，才知道這間技職學校」，也有許多學生回答「我家是爸爸幫忙搜尋」，所以也要準備給**父母親瀏覽的內容**，而且知道父母親會以「費用」、「學費」、「就職」這類關鍵字搜尋，可從中得到許多挑選優質關鍵字的線索。

圖2-3-2　不同的立場會使用不同的關鍵字

在使用工具挑選關鍵字之前，一定要利用上面的三個步驟找出需要的關鍵字。

實例：將不同的目標族群引導到相關頁面的祕訣

群馬法科商業技術學校是一所幫助學生進入公部門的技職學校，想進入技職學校的不只是高中生，大學生與社會人士也是這間技職學校的目標。家裡有考生的父母親或是高中老師、在校生、畢業生，都有可能會瀏覽這間學校的網站。

這間技職學校想對外傳遞的資訊包含課程介紹、及格率、應考講座、公務員基礎知識、入學導覽以及其他資訊。

為了引導不同的使用者，這間學校在網頁上方製作了導覽列，但為了更確實地引導使用者，而在網頁的中段加上「高中生請點這邊」、「父母親請點這邊」的橫幅。

這麼做除了可「確實引導不同的使用者」，從技職學校的角度而言，也能「讓使用者看到需要的資訊」。

圖2-3-3 群馬法科商業技職學校

http://www.chuo.ac.jp/glc/

尋找容易爆紅的關鍵字
利用 Google Suggest 找出關鍵字

要成功執行 **SEO** 策略，可不能只將目標放在大關鍵字，利用多個小關鍵字擠進前段班與招攬顧客才是王道。要想快速挑出多個關鍵字，使用網路上的工具是最有效率的方法。

好像有免費找出關鍵字的工具耶。

這類工具有很多喔，請試著搜尋「SEO 工具」，就會找到許多工具。

請告訴我哪項工具比較推薦！

▌什麼是 Google Suggest？

在搜尋方塊輸入關鍵字之後，常常會顯示下一個可能輸入的關鍵字，而這項功能稱為 Suggest 功能，意思是「提示」、「建議」、「聯想」，也就是搜尋引擎正對使用者「建議關鍵字」。

例如輸入「太陽眼鏡」，Google 搜尋引擎有可能會建議「男用」、「女用」、「人氣」、「雷朋」、「不適合」這類關鍵字（**圖 2-4-1**）。

圖2-4-1 「太陽眼鏡」的建議

Google	🔍 太陽眼鏡	🔍
	🔍 太陽眼鏡 推薦	
	🔍 太陽眼鏡 度數	
	🔍 太陽眼鏡 偏光	
	🔍 太陽眼鏡 英文	

Google 的演算法會為每位使用者顯示專屬的結果。

MEMO ///

Google 搜尋引擎搭載了「Auto Complete」功能，中文翻譯為「自動完成功能」。

自動完成功能會根據過去輸入的內容在搜尋方塊或輸入表單顯示下一個有可能輸入的內容。如此一來，就能減少使用者輸入錯誤的頻率，也能提升搜尋的速度。

顯示所有 Google Suggest 內容的工具

Google 未曾公開 Google Suggest 的演算法細節，但的確是從使用者曾經搜尋的內容、其他使用者常使用的關鍵字與熱門關鍵字找出推薦的關鍵字。

每一位使用者都擁有專屬的建議關鍵字，Google Suggest 會根據使用者的搜尋經歷或是使用搜尋功能的地點，提示不同的關鍵字。

Google 一直希望成為「所有使用者心目中最好用、最實用的搜尋引擎」，所以不斷地累積使用者都使用哪些關鍵字搜尋的「資訊」，並將這些資訊用於挑選關鍵字，才能挑出許多使用者都使用的關鍵字。

網路上有許多找出 Google Suggest 的工具，最具代表性的工具如下。

統一下載 Google Suggest 關鍵字的工具
http://www.gskw.net/

❶ 在關鍵字欄位輸入要搜尋的關鍵字，按下「搜尋」按鈕（圖 **2-4-2**）。此時會顯示 **Google Suggest** 關鍵字的清單。

❷ 點選關鍵字的「**+**」，就會顯示第三個、第四個關鍵字（圖 **2-4-3**）。

❸ 捲動到最下面，點選「**csv** 取得」按鈕，就能將找到的關鍵字存成 **csv** 格式的檔案（圖 **2-4-4**）。

圖2-4-2 首頁

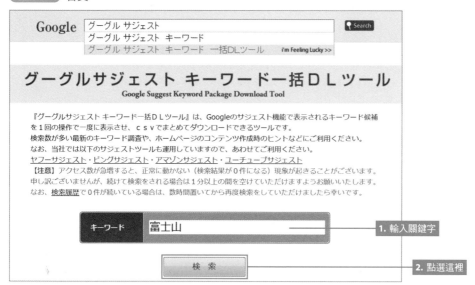

1. 輸入關鍵字

2. 點選這裡

圖2-4-3 顯示更多關鍵字

3. 點選＋

圖2-4-4 儲存所有關鍵字

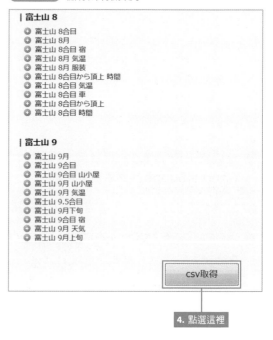

4. 點選這裡

其他可用的 Suggest

Google Suggest 只能在利用 Google 搜尋的時候有用。Amazon 有 Amazon 自己的 Suggest，樂天與 Twitter 也都有，所以若想知道「在 Google 搜尋引擎之外的搜尋引擎 搜尋時，第二個、第三個關鍵字會是什麼呢？」的時候，可試著使用下列的工具。

KOUHO.jp

http://kouho.jp/

圖2-4-5 搜尋 Amazon 或樂天的 Suggest

Keyword Tool

https://keywordtool.io/

圖2-4-6 這個網站支援了許多知名網路服務的關鍵字

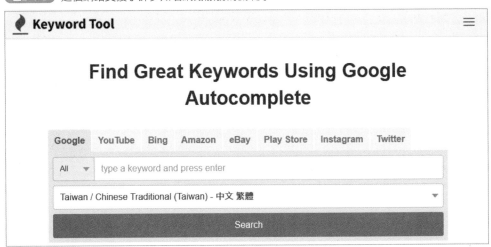

Lesson 2-5

該如何從大量的關鍵字找出最佳關鍵字？

利用關鍵字規劃工具調查關鍵字的重要性

有很多人喜歡利用各種工具找出關鍵字，但有時會因此找到幾百、幾千個關鍵字，「這麼多關鍵字到底該從何下手啊」，許多人都因此頭痛不已。

我使用工具尋找關鍵字之後，得到「夏威夷 餅乾」、「夏威夷 咖啡」、「夏威夷 化妝品」、「夏威夷 燒肉」，每個我都好想用啊～

使用工具的確會找到這些出人意表或是陌生的關鍵字，也讓人覺得很新奇，甚至找著找著就忘了時間呢。

會有人調查「夏威夷 燒肉」嗎？真讓人意外，說不定只有一個人這樣搜尋吧（笑）

用 Google Adwords 關鍵字規劃工具調查關鍵字的重要性

「該根據哪個關鍵字執行 SEO 策略？」想找出這類關鍵字的時候，最需要知道的就是關鍵字被需求的程度，顧名思義，就是「該關鍵字是否被需要」的指標。

最知名的關鍵字需求度調查工具就是「**Google Adwords 關鍵字規劃工具**」（之後簡稱為關鍵字規劃工具）（**圖 2-5-1**）。

例如，調查一下搜尋「夏威夷 燒肉」的使用者有多少人。**圖 2-5-2** 顯示每月平均搜尋量為 390 次，這代表「夏威夷 燒肉」這個關鍵字每個月平均被搜尋 390 次。

另一方面，「夏威夷 珠寶」的每月平均搜尋量為 33,100 次，由此可知，「夏威夷 珠寶」是需求度較高的關鍵字（**圖 2-5-3**）。

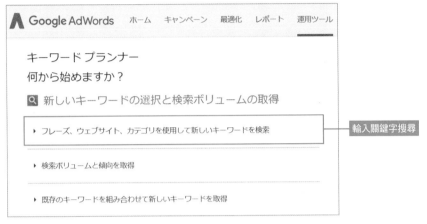

圖2-5-1 關鍵字規劃工具

https://ads.google.com/aw/keywordplanner

圖2-5-2 「夏威夷 燒肉」的需求度

検索語句		月間平均検索ボリューム ?
ハワイ 焼肉	⌈✓	390

圖2-5-3 「夏威夷 珠寶」的需求度

検索語句		月間平均検索ボリューム ?
ハワイアン ジュエリー	⌈✓	33,100

MEMO

要利用關鍵字規劃工具取得具體的數據必須先在 Google Adowrds 註冊。

思考關鍵字的季節因素

之所以說是每月「平均」搜尋量，是因為每個季節的搜尋量都不一定，或許「夏威夷 燒肉」的全年搜尋量都是一樣（**圖 2-5-4**），但可以發現「泳衣」這個關鍵字都集中在 6、7、8 這三個月搜尋（**圖 2-5-5**）。只要在關鍵字規劃工具輸入關鍵字，就會顯示這張圖表。

要請大家先記住的是，每月平均搜尋量是以每個月的平均除以全年搜尋量的數值。

圖2-5-4 「夏威夷 燒肉」全年都不變

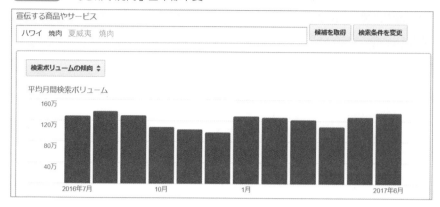

圖2-5-5 「泳衣」的搜尋量會於 6 ～ 8 月增加

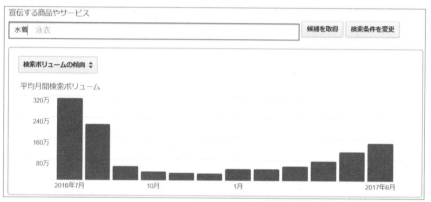

COLUMN ○ ○ ○ ○ ○ ○ ○ ○ ○ ○

某間蛋糕店的聖誕節該如何出招？

某間蛋糕店希望在聖誕節的時候，以「聖誕節蛋糕」闖入搜尋結果前幾名，所以五月就開始認真地執行 SEO 策略，但其實要讓網站的排名上升，需要耗費不少時間，而且「聖誕節蛋糕」又是大關鍵字，所以必須大量找出「聖誕節蛋糕 ○○○」這類長尾關鍵字，逐一施以對策。

大關鍵字的「聖誕節蛋糕」有很多人會用，很難因此擠進搜尋結果前段班，但如果改用「聖誕節蛋糕 ○○○」、「聖誕節蛋糕 ○○○ ○○○」這類兩、三個字組成的關鍵字，就比較有機會讓網站的排名往上升。「關鍵字規劃工具」可說是找出季節性、特定時期的因素，早一步啟動 SEO 策略的最佳工具。

關鍵字規劃工具的使用方法

關鍵字規劃工具是在搜尋方塊輸入關鍵字，就幫我們找出相關關鍵字以及各關鍵字每月平均搜尋量的工具。

從**圖 2-5-6** 可以發現，「泳衣」的每月平均搜尋量為「301,000 次」，「泳衣 電視購物」為「49,500 次」、「泳衣 可愛」為「33,100 次」，下面的排名則是「泳衣 黑」的「8,100 次」與「健身 泳衣 女性」的「6,600 次」，從中可發現每個關鍵字的搜尋次數。

讓我們以關鍵字的需要度來比較關鍵字的價值。

圖2-5-6 比較每月搜尋量

広告グループ候補　**キーワード候補**				表示項目 ▾　　比　　**⬇ ダウンロード**		
検索語句	月間平均検索ボリューム [?]		推奨入札単価 [?]	オーガニック検索の平均掲載順位 [?]	オーガニック検索のインプレッション シェア [?]	広告インプレッシ
水着 泳衣	比	301,000	¥ 50	–	–	
				表示する行数　30 ▾　1 個のキーワード中 1～1 個を表示		
キーワード (関連性の高い順)	月間平均検索ボリューム [?] ↓		推奨入札単価 [?]	オーガニック検索の平均掲載順位 [?]	オーガニック検索のインプレッション シェア [?]	広告インプレッシ
水着 通販 泳衣 電視購物	比	49,500	¥ 47	–	–	
水着 可愛い 泳衣 可愛	比	33,100	¥ 39	–	–	
水着 人気	比	22,200	¥ 42	–	–	
水着 安い	比	18,100	¥ 42	–	–	
水着 ワンピース	比	14,800	¥ 30	–	–	
ワンピース 水着	比	12,100	¥ 34	–	–	
水着 レディース	比	8,100	¥ 40	–	–	
水着 黒 泳衣 黑	比	8,100	¥ 36	–	–	
フィットネス 水着 女性 健身 泳衣 女性	比	6,600	¥ 35	–	–	

關鍵字規劃工具的調查結果可點選畫面右上角的「下載」按鈕下載。由於可取得 csv 格式的資料，所以可依照搜尋需要量（每月平均搜尋量），由多至少排序資料，也能刪除搜尋需要量較低的關鍵字，可隨心所欲編輯資料。

如果不知道該如何從這麼多的關鍵字挑出「優先施以 SEO 策略的關鍵字」，不妨使用「關鍵字規劃工具」找出關鍵字的優先順位。

COLUMN ○ ○ ○ ○ ○ ○ ○ ○ ○

尋找關聯性較高的關鍵字

關鍵字規劃工具可利用各種設定，從不同的角度篩選需要的關鍵字，例如關閉「關鍵字選項」的「只顯示含有輸入關鍵字的結果」，就能取得範圍更廣泛的關鍵字。

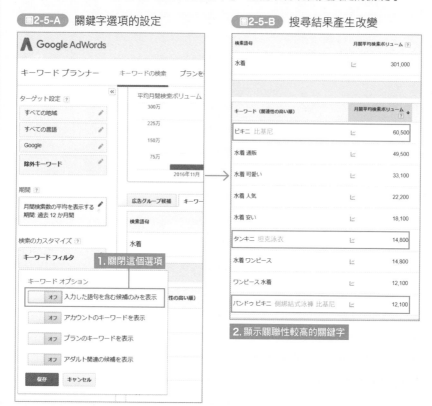

圖2-5-A 關鍵字選項的設定

圖2-5-B 搜尋結果產生改變

從圖中可以得知，以「泳衣」搜尋時，也會顯示「比基尼」（60,500 次數）、「坦克泳衣」（14,800 次）、「側綁結式泳褲 比基尼」（12,100 次）這類關鍵字。順帶一提，「坦克泳衣」、「側綁結式泳褲 比基尼」都是泳衣的一種。

讓我們使用關鍵字規劃工具找出新的關鍵字吧！

此外，關鍵字規劃工具預設停用「只顯示含有輸入關鍵字的結果」，所以，不妨切換停用或啟用的狀態，找出需要的關鍵字。

Lesson

仔細思考未來的發展

2-6

判斷關鍵字優先順序的基準是？

總算到了挑選關鍵字的最後關頭。經過一輪調查之後，就到了挑選主要關鍵字的時刻。這與網站的經營層面有關，也與關鍵字的競爭有關，所以要根據自家公司的「強調與喜好」，再挑選關鍵字。

「夏威夷　珠寶」的平均每月搜尋量有33,100次，我希望能利用這個關鍵字站上搜尋結果第一名！

的確，成為第一名，就能讓33,000個人看到網站，這絕對是大好機會啊！

最好別這麼輕易地決定關鍵字喲。就像你們這麼喜歡這個關鍵字，別人也一樣很喜歡啊……

決定主要的關鍵字

認真調查關鍵字，應該會得到一張還算嚴謹的「關鍵字一覽表」。重點是，哪個才是**最適合自家公司的「主要關鍵字」**，換言之就是「網站的首頁要以哪個關鍵字站上第一名」的意思。例如將「夏威夷 珠寶」當成主要關鍵字，會比「夏威夷 珠寶 項鏈」涵蓋的範圍更大。

「夏威夷 珠寶」的網站會賣項鏈、戒指、耳環、手環，也包含女性與男性使用的珠寶，當然也包含名牌或一些手工製作的小東西。

若以「夏威夷 珠寶 項鍊」作為主要關鍵字，就只需要在**項鍊集中所有的資源**，假設將關鍵字設定成「夏威夷 珠寶 項鍊 男用」這種涵蓋範圍更小的關鍵字，也更有機會找到利基。

圖2-6-1 關鍵字的組合為涵蓋範圍

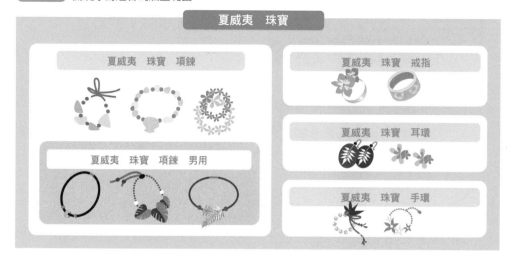

調查競爭對手

希望業績大幅成長，就將目標放在規模較大的市場。**「該以何種規模為目標？」這個問題的解答就在競合調查裡。**

比方說，請試著搜尋「夏威夷 珠寶」，然後依序從第一名的網站開始點選，有的銷售的商品種類很多，有的似乎歷史悠久，有的好像很熱門，有的則是樂天市場或 Amazon 裡的賣家，這些店家都會是你的競爭對手（**圖 2-6-2**）。

規模越大的市場，越是擠滿競爭對手。大家不妨思考一下「能在這個戰場一爭高下嗎？現在進入市場，能否壓制第一名的網站呢？」

如果關鍵字設定為「夏威夷 珠寶 項鍊」、「夏威夷 珠寶 項鍊 男用」會有什麼結果？調整關鍵字再搜尋一次，確認一下前十名都是哪些網站。

一開始先將目標放在規模較小的市場，也是不錯的選擇。**利用具有利基的關鍵字闖入第一名，然後再繼續拓展市場也是很棒的戰略。**

圖2-6-2 一搜尋就會知道有哪些對手

計畫 ①

希望未來以「夏威夷 珠寶 項鍊」闖入第一名，所以先試著從「男用」這個關鍵字切入。

計畫 ②

希望未來以「夏威夷 珠寶 男用」闖入第一名，之後再拓展項鍊、戒指的市場，然後順勢拓展耳環、手環的市場，成為搜尋結果的第一名。

Lesson

2-7

決定網站的架構是非常重要的事

根據關鍵字製作
網站地圖

挑好關鍵字之後，可根據關鍵字設定整個網站。假設網站已經做好，則可試著在每個頁面植入關鍵字。假設打算建置新的網站，不妨將網站打造成符合主要關鍵字的架構。

盯著關鍵字看時會浮現很多靈感，讓人覺得好興奮啊！

一開始不好高騖遠，先從有利基的關鍵字切入嗎？

要怎麼料理挑好的關鍵字，可是需要功力的。

什麼是網站地圖？

網站地圖就是整個網站的導覽，主要是在思考網站的架構之後，整理出來的樹狀圖，根據用途會分成三種類型。

① 用於建置網站的類型

第一步可先製作方便自己瀏覽的網站地圖，以利建置網站。手寫的也可以，先設計一下網站的架構。

圖2-7-1 用於建置網站的網站地圖

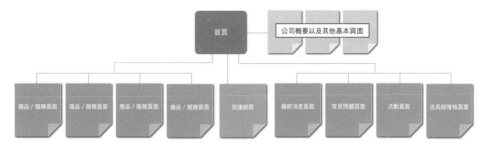

② 提供使用者使用的類型

為了避免使用者在網站裡面迷路而製作的網站地圖。只要在網站公開之前做好就可以。例如 Gliese 株式會社的網站地圖就長這個樣子。

圖2-7-2 提供使用者使用的類型

③ 為了執行 SEO 策略的類型

這是為了 Google 網路爬蟲製作的 XML 網站地圖。細節請參考「Lesson 3-8 製作網站地圖與通知 Google」➡ P.111。

MEMO //

XML 網站地圖是指定網頁列表，告訴 Google 與其他搜尋引擎內容架構的檔案。Googlebot 或其他搜尋引擎的網路爬蟲會讀取這個檔案，進一步剖析網站的架構。

製作一張建置網站所需的網站地圖

邊想像「要做什麼網站」，邊將網站架構畫出來是一件很開心的事，這時候也要記得將關鍵字放在心裡喲。

假設要以「夏威夷 珠寶 男用」為主要關鍵字，那麼右頁的網站地圖也是不錯的範例。

首頁以「夏威夷 珠寶 男用」為主要關鍵字，第二層以「夏威夷 珠寶 男用 項鏈」、「夏威夷珠寶 男用 戒指」這類關鍵字為主。製作網站地圖時，務必思考頁面要以哪些關鍵字為主。假設想以「夏威夷 珠寶 男用 挑選方法」這類關鍵字為主，不妨製作一張「男用夏威夷珠寶挑選方法」的說明頁面。如果想以「夏威夷 珠寶 男用 服裝搭配」這種關鍵字為主，則可準備「向造型師請益！夏威夷珠寶服飾搭配講座」的內容。

建議大家先製作一張架構清楚的網站地圖，並在各頁面植入關鍵字。

圖2-7-3 以「夏威夷 珠寶 男用」為目標的網站地圖

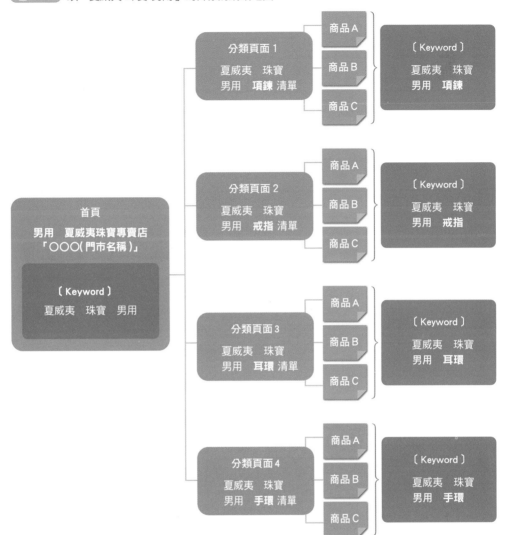

Chapter 3

製作最適合執行SEO策略的網站
～網站建置篇～

建置網站之際，SEO 策略有許多要決定的

重點，例如網站名稱、網域、URL 的命名

規則都必須事先決定。有時候一不小心，會

將網站做成很難更新的架構。建置網站時，

不妨連同網站經營的部分都想想是否要自製

還是外包。

3-1 依照 SEO 策略決定網站 名稱的方法

後面很難更改，所以超重要！

建置網站時，網站名稱是非常重要的部分，取一個讓顧客記在心裡的名字很重要，但根據 SEO 策略取一個含有關鍵字的名稱也非常重要。

> 該取什麼名字才好呢？明明只是網站的名稱，卻像是替小孩命名興奮啊！

> 要容易叫，還是聽起來響亮，還真是難啊。

> 也有人替小孩取一個很響亮的名字啊。網站的名稱要讓使用者一看就懂才行。

取一個簡單易懂的網站名稱

網路裡有無數個網站，使用者為了找到需要的網站，總是不斷地點開網站再關閉網站。為了讓顧客來到網站時，有種「總算找到了」的感覺，一定要取一個簡單易懂的名字。第一次來訪網站的顧客看到網站名稱之後，最好能知道下列幾點：

- 這個網站的主要內容
- 這個網站的擅長之處
- 這個網站能解決什麼問題

替網站取一個自己喜歡的名字當然很重要，但取一個**顧客能夠朗朗上口**的名稱更是重要喲。

在網站名稱放入關鍵字

從 SEO 策略的角度來看，**最好是在網站名稱植入「關鍵字」**。網站名稱通常會出現在所有頁面，一旦 SEO 策略需要的關鍵字出現在網站名稱裡，就**等於所有頁面都植入了關鍵字**。就增加關鍵字出現頻率的觀點而言，這也是非常棒的 SEO 策略。

實例：內含關鍵字又能讓使用者一看就懂的名稱

網站的名稱不一定要與公司名稱一致，例如 DC-Arch 株式會社經營的網站為「藥事法廣告研究所」（**圖 3-1-1**）。DC-Arch 株式會社的網站是作為公司官網使用，而「藥事法廣告研究所」網站則是提供藥事法相關資訊的網站，屬於研究所風格，也是主打藥事法相關關鍵字的網站。

累積許多藥事法相關資訊與 Know-How 的「藥事法廣告研究所」網站已利用「藥事法」這個大關鍵字闖入搜尋結果的前段班。

圖3-1-1 DC-Arch 株式會社（上）與藥事法廣告研究所（下）

https://peraichi.com/landing_pages/view/dc-arch

http://www.89ji.com/

植入關鍵字的副標題

如果無法在網站名稱植入關鍵字，就在副標題裡植入關鍵字。

✗ 　甲乙丙丁戊商店

○ 　從五十歲開始吃的減肥食品　甲乙丙丁戊商店

「甲乙丙丁戊商店」是個不含關鍵字的名稱，也不知道是在買什麼藥。如果先加上「從五十歲開始吃的減肥食品」這個副標題，就等於植入「五十歲　減肥商品」這個關鍵字，首次造訪網站的使用者也能一眼看出這個網站「賣的是什麼商品」。

確認是否有相同的網站名稱

大致決定網站名稱之後，建議確認一下有沒有類似的網站名稱已經存在。對顧客來説，相似的網站名稱是難以分辨的，而且就 SEO 策略而言，這也可能是短兵相接的競爭對手。

如果其他公司已註冊為商標，有可能會發生網站名稱被禁止使用的問題，所以千萬要確認一下。若想保護自家網站的名稱，不妨將網站名稱註冊為商標。

COLUMN

成為指名購買的網站

網站剛建置完成，知名度還不太高的時候，使用者通常會因為各種關鍵字而造訪網站，此時的 SEO 策略也是希望使用者能以各種關鍵字搜尋到自家網站，所以得繼續篩選需要的關鍵字與新增網站的內容。

以「從五十歲開始吃的減肥食品 甲乙丙丁戊商店」而言，在網站知名度不高的時候，消費者通常會以「五十歲 減肥」、「減肥 食品 女性」、「減肥食品 價格」這類與減肥有關的各種關鍵字造訪網站。

不過，**當消費者是因這些關鍵字造訪網站，自家網站就免不了與其他網站競爭**，因為使用者總是會比較商品、比較價格、比較評價、比較銷售的公司，消費者可是很嚴格的。

一旦成為網站的粉絲、商品的愛用者、公司的擁護者，消費者就會變成「要買減肥食品，就去甲乙丙丁戊商店」，搜尋時也會直接搜尋「甲乙丙丁戊商店」。

 指名購買

> 就是要在你的網站買！

這就是所謂的指名購買。**一旦成為使用者心中的指名購買網站，消費者就不會與其他公司比較**。若希望成為指名購買的網站，就要試著培養自己的粉絲。

如果成為使用者心中的指名購買網站，卻想不起來網站的名稱，那不是虧大了嗎？所以**網站一定要取一個使用者一眼就能看懂，而且牢牢記住的名稱**。

Lesson 3-2 設定什麼網站最有利？

根據 SEO 策略設定網域的方法

建置網站時，需要有地方公開網站。要讓使用者從大量的網站之中找到自己的網站，就必須要有一處使用者一看就懂（易找易記）的網域。

我想在名片放網站的 URL，但什麼網址都可以嗎？

妳說的是網域吧，只要沒與其他公司重複，當然可以自己決定，不過這跟決定新地址一樣，請仔細想過再決定喲。

何謂網域？

網域就是網路上的地址。建置網站就像是在網路世界租一塊新地方蓋房子。

家是首頁
（網站）

地址是網域

http://xxxxxx.co.jp/yyyyyy

例如「gliese.co.jp」是筆者公司的網域，也就是宣佈網路世界的這個地方有 gliese 官方網站的意思。網域結尾的「co.jp」也有其涵意。「co」是 corporate（公司）的縮寫，「jp」則是 Japan（日本）的縮寫，所以「co.jp」指的就是日本企業的官方網站。

另外還有下頁這些網域。

表3-2-1　網域的主要種類

結尾	意義
.com	適用於營利組織
.net	network 的縮寫，適用於網路相關用途
.org	適用於非營利組織
.info	information 的縮寫。適用於資訊服務
.biz	business 的縮寫。適用於商業用途
.idv.tw	適用於個人
.net.tw	適用於網路服務
.edu.tw	適用於學校單位
.gov.tw	適用於政府機關、特殊法人
.jp	Japan 的縮寫
.tw	Taiwan 的縮寫

建置網站時，可依照網站的特徵取得專屬的網址。

取一個使用者一看就懂的網域名稱

決定網域的種類之後，就可以決定網域名稱。若是為公司建置官網，就命名為公司的名稱，所以網域名稱也很容易決定。

網站名稱	網域名稱
gliese 株式會社	gliese.co.jp

就 SEO 策略而言，在網域放入 SEO 關鍵字是非常有效果的一步棋，而且網站名稱若與網域一致也更簡單易懂。最理想的 **SEO 策略就是替網站命名，再取得與網站名稱一致的網域名稱**。比方說，敝公司希望以「內容 SEO」這個關鍵字擠進搜尋結果前段班，所以將網站命名為「超有用的 SEO 策略！內容 SEO」。為了網域名稱能與網站名稱一致，而取得下列的網址。

網站名稱	網域名稱
超有用的 SEO 策略！內容 SEO	seo-contents.jp

其他還有許多網站名稱與網域名稱一致的公司。

網站名稱	網域名稱
肌膚保養大學	skincare-univ.com
樂天市場	rakuten.co.jp

取得網域的方法

既然網域是地址，那麼就不能使用被佔用的地址，若要確認是否已被佔用，可在網域管理公司的網站確認。

圖3-2-1　HiNet 域名註冊

https://domain.hinet.net/

在上述的網站輸入想要的網域名稱，再勾選網域種類，然後按下「查詢」按鈕，就能知道該網域是否已被佔用。要取得網域可向 HiNet 域名註冊這類網域管理公司申請。

Lesson 3-3

取得使用者與 Google 的信任

支援 SSL 加密通訊

現在已是誰都會使用網路的時代，隨著電子商務網站的使用率提升，以信用卡結帳也已非常普及，現代也已是可利用智慧型手機這類工具隨時上網的時代，所以使用者也非常在意安全性與個資的問題，網站經營者更不能欠缺安全性方面的知識。

現在已經是用信用卡結帳相當普及的時代，但網路安全真的滴水不漏嗎？

截取密碼、竄改資料、釣魚網站，在網路上流通的資訊常被壞人覬覦。

所以，經營網站的人也必須具備安全性的常識。加密就能放心嗎？

▌什麼是 SSL 加密通訊呢？

SSL 是 Secure Sockets Layer 的縮寫。這是替網路上流通的資料加密，確保個人資訊與信用卡資訊這類重要資料不外流的安全性技術。

一般網站的網址為「http://」，但是採用 SSL 加密技術的網站會以「https://」為字首。

網站名稱	採用 SSL 技術的網站名稱
http://	https://

有些瀏覽器會在採用 SSL 加密技術的網站加上鎖頭符號🔒加以區別。

或許是因為網路普及到誰都會上網，所以每個人對資料安全也越來越重視，確保資料安全也越來越必要。

經營網站之際，請務必存有「採用 SSL 加密技術是理所當然」的心態。使用者只要看 URL 就能判斷該網站是否已採用 SSL 加密技術。為了讓**使用者更安心、更信任，**建議事先採用 SSL 加密技術。

圖3-3-1 有沒有 SSL 差很多

每張網頁的 SSL 與 Always On SSL

採用 SSL 的方法分成兩種，一種是只在輸入個人資訊或信用卡資料的「表單」頁面採用，一種是針對所有頁面採用的方法（Always On SSL）（**圖 3-3-2**）。

採用 SSL 雖然「得花錢」、「步驟有點麻煩」，但是採用 SSL 的頁面才值得使用者信任。從 SEO 策略的角度或是今後資訊安全意識高漲的角度來看，建議採用「Always On SSL」的方式。

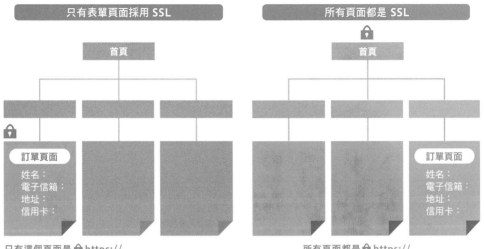

圖3-3-2 涵蓋所有頁面的 Always On SSL

只有表單頁面採用 SSL

首頁

訂單頁面
姓名：
電子信箱：
地址：
信用卡：

只有這個頁面是 🔒 https://

所有頁面都是 SSL

🔒

首頁

訂單頁面
姓名：
電子信箱：
地址：
信用卡：

所有頁面都是 🔒 https://

SSL 與 SEO 的關係

Google 於 2014 年的「Google 網站管理員官方部落格」發表「HTTPS 將成為影響排名的因素」。這意思是 **https**（採用 **SSL**）的網站可得到較高的評分。2017 年，Google 也發表自家的瀏覽器（Google Chrome）會對**未採用 SSL 的頁面發出警告**。換言之，Google 開發的瀏覽器認定顯示「https://」的頁面是「安全無虞」的，顯示「http://」的網頁代表「不安全」。由此可知，今後採用 SSL 技術的必要性將持續增加。

利用內部連結提升瀏覽率

替網站打造有利 SEO 策略的架構

剛開始建立網站時的架構非常重要，清楚明瞭地植入商品頁面、內容頁面、範例、**FAQ**、公司概要這些內容之後，也要建置樹狀圖般的網站構造，才不會在日後追加內容的時候，不知道該於何處增加。

> 除了想在網站放上商品資訊，還想放入很多專欄或開發故事。

> 專欄與開發故事這些內容能讓網站顯得與眾不同，是一定要放的喲。

> 可是我不知道該怎麼正確分類內容，請教教我該怎麼整理內容吧！

利用樹狀構造建置網站

讓我們利用樹狀構造建置網站。

樹狀構造的優點在於方便整理，而且一看就懂。由於是階層構造，所以很容易建構每個頁面的內容。

例如「商品清單」的分類頁面下方就放了商品頁面。若有「專欄」這種分類頁面，那麼下方應該有不少專欄的內容。這種方便顧客快速找到頁面的構造稱為樹狀構造。

對網站經營者而言，這種樹狀構造也非常方便，能一眼看出新增的頁面應該放在哪個分類才適當，而且也能看出每個分類的頁面數、階層深度，當然就能避免內容毫無章法地堆放。

圖3-4-1 樹狀構造

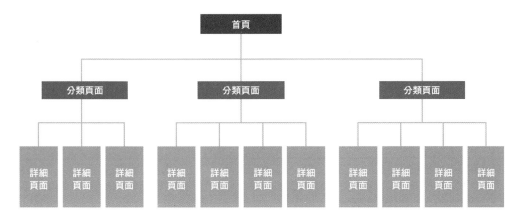

利用樹狀構造建立井井有條的網站結構

樹狀構造也有利於 SEO 策略的執行,因為 Google 的網路爬蟲會沿著連結造訪每個頁面,所以當網站是樹狀構造,**網路爬蟲就會根據相關性,造訪每一個頁面。**

對顧客、網站經營者還是網路爬蟲而言,樹狀構造都是非常簡單易懂的架構。

適當地貼入內部連結

為了方便顧客找到需要的頁面,不妨貼入內部連結。**內部連結就是讓顧客穿梭於網站各網頁之間的連結。**

請大家要記得一點,別只有從首頁往分類頁面前進,再到詳細頁面的連結,也要有反向的連結(回上一頁連結),例如從詳細頁面回到分類頁面的連結,從分類頁面回到首頁的連結都是其中一種,當然也可以植入在分類頁面之間穿梭的連結,以及在詳細頁面之間穿梭的連結。

適當地貼入內部連結,**可將顧客引導到目標頁面**,也可延長顧客停留在網站的時間,讓顧客有機會瀏覽更多網頁(提高瀏覽率)。

內部連結有利於 SEO 策略的執行,**Google** 的網路爬蟲也有機會瀏覽更多張的頁面。在張貼內部連結的時候,**要貼入高度相關的連結**,也要避免貼入沒有相關性的連結。

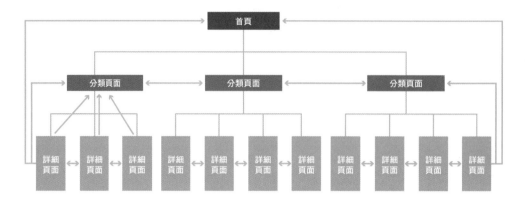

圖3-4-2 內部連結

盡量打造較淺的階層構造

規劃網站的樹狀構造時，有一點要特別注意，那就是階層構造的深度，理論上，階層構造應該越淺越好。如此一來，從首頁造訪網站的顧客才能早一步抵達需要的頁面。

階層太深的頁面通常很難被顧客看見，Google 的爬蟲機器人也很難找得到。如果不得不規劃很深的階層，則應該多增加相關性較高的頁面連結。

圖3-4-3 階層的深度

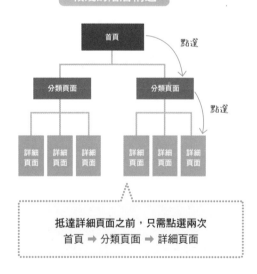

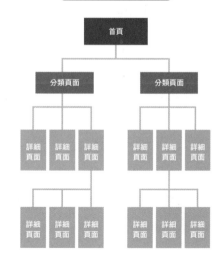

Lesson
3-5

讓網路爬蟲更有效率地遊歷網站
利用簡單的 URL
提升可爬性

網路爬蟲能否快速遊歷網站會直接影響 SEO 策略的成效，妥善規劃顧客的引導路線，也等於規劃了網路爬蟲的引導路線。

前幾天我想上網買東西，卻一直找不到我要的頁面，讓我覺得很煩。

沒辦法去到下一個頁面（走到死胡同）或是不知道在網站的哪裡，都很有可能是顧客離開網站的原因。

不能去到想去的網頁，可不只有顧客會離開網站喔，網路爬蟲也會跟著離開的。

提升可爬性

在各種搜尋引擎機器人之中，專職巡迴網站、收集資訊的機器人稱為「網路爬蟲」。能否讓網路爬蟲快速遊歷網站會直接影響 SEO 策略的成效，**讓網路爬蟲快速遊歷網站的過程稱為「提升可爬性」**。

圖3-5-1 網路爬蟲巡迴網站

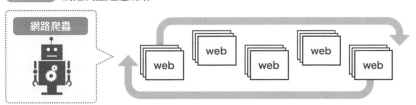

一如「LESSON 3-4 替網站打造有利 SEO 策略的架構」➡ P.96 所述，下列的方式可提升可爬性。

- 將網站打造成樹狀結構
- 貼入內部連結
- 讓階層構造盡可能淺一點

還有其他提升可爬性的策略。

簡單易懂的 URL 有哪些好處？

簡單易懂的 URL 也能提升可爬性。讓我們先替網站的分類或檔案訂定命名規則。URL 若是有意義的字串，會比只是一堆英文字母或數值的排列更有利於 SEO 策略。利用免費部落格服務建置網站，通常會收到下列這種網址，使用者也很難從網站預測內容。

不良 URL 的範例

https://aaa.jp/aaaaa/entry-12315818099.html?adxarea=kwkzc

為了方便預測網站的內容，請務必依照頁面的內容命名檔案，比方說設定成下列的 URL 名稱，就能一眼看出這些 URL 的頁面有哪些內容。

URL 的範例	網頁名稱
http://gliese.co.jp/	Gliese 官方網站的首頁
http://gliese.co.jp/service/	服務清單
http://gliese.co.jp/whitepaper/	白皮書
http://gliese.co.jp/blog/	專欄 / 實例的部落格
http://gliese.co.jp/mailmagazine/	介紹電子郵件雜誌
http://gliese.co.jp/contact-form/	聯絡我們的表單

簡單易懂的 URL 不僅方便顧客預測頁面的內容，也方便網站經營者管理。

對 Google 的網路爬蟲而言，簡單易懂的 URL 也比較容易瀏覽。

利用「麵包屑導航」提升可爬性

除了前述的方法，也很建議利用「麵包屑導航」提升可爬性。麵包屑導航一詞源自糖果屋這個童話故事。

糖果屋的主角漢賽爾與葛麗特害怕自己在森林裡迷路，在來路放下麵包屑當標記，再一步步往森林深處走去。基於這個童話，麵包屑導航就是避免使用者在網站迷路，明確指示頁面階層構造的功能。

> **麵包屑導航的範例**
> 首頁＞專欄‧實例＞需求培養篇＞第七回從轉換率逆推

以上述的範例而言，可一眼看出目前瀏覽的頁面是在「專欄‧實例」底下的「需求培養篇」底下的「第七回從轉換率逆推」。

麵包屑導航原本只有提示使用者目前身在網站何處的功能，**卻沒想到也能幫助 Google 的網路爬蟲巡迴網頁**。

由於點選麵包屑導航也能前往需要的頁面，所以也**等於讓網站更方便瀏覽**。

圖3-5-2 麵包屑導航

由於麵包屑導航也能讓內部連結增加，所以也**有助提升 SEO 策略的成效**。

久仰大名，但它到底是什麼？

利用 WordPress 建置網站

最近越來越多利用 CMS 建置網站的例子，CMS 是「Content Management System」的縮寫。由於不需要 HTML 或 CSS 這類專業知識就能更新網站，所以有越來越多企業採用這套系統，也降低了網站建置成本。

耶，會建置網站的朋友答應幫我做網站耶！

那還真是幫了大忙呢。

只是他說要用「WordPress」幫忙做網站，到底 WordPress 是什麼啊？

什麼是 WordPress？

WordPress 是**全世界都在用的免費 CMS**（內容管理系統）。不需「HTML 或 CSS 這類專業知識也能更新網站」，**感覺上就像是在更新部落格的內容。**

其實敝公司的官方網站也是用 WordPress 建置與更新。有些人認為「使用 WordPress 建置網站的話，不是比較難看嗎？」但我覺得不用太擔心網站設計的問題（**圖 3-6-1**）。

圖3-6-1 利用 WordPress 建置的網站

下列是 WordPress 的管理畫面。在「程式碼編輯器」中的畫面可輸入頁面標題,並於中央空白處撰寫原稿,視窗左欄的功能選項亦提供原稿的外觀設定、新增連結或進行其他的操作。

圖3-6-2 WordPress 的管理畫面

若想新增媒體檔案只需點選左欄的「媒體」頁面,將在地端的檔案拖放到畫面中央,或者直接點按「選取檔案」上傳即可。**能憑直覺操作這點是 WordPress 廣受歡迎的理由之一。**

圖3-6-3 WordPress 的管理畫面

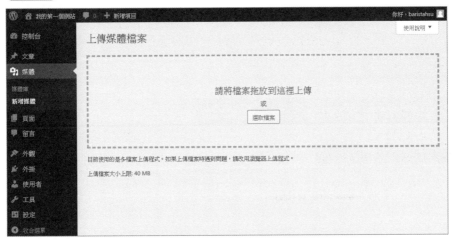

自採用 WordPress 以來，只要幾位員工就能負責網站的更新，**網站的更新效率也提升了。只是要建置網站時，需要一些 WordPress 相關知識**，所以還是建議與網頁設計公司談論一下。

WordPress 的兩種應用方式

WordPress 的首頁曾寫著「網路上有 28% 的網站是以 WordPress 建置」（2017 年十一月），可見 WordPress 的市佔率之高。

WordPress 受歡迎的祕密在於豐富的擴充性，應用的方式可分成下列兩種。

❶ 整個網站利用 **WordPress** 建置

❷ 網站的某些頁面利用 **WordPress** 建置

應用方式 ①　利用 WordPress 建置整個網站

剛剛已經說過，敝公司的官方網站是以 WordPress 建置，這意思是，敝社的官方網站都是以 WordPress 建置。

圖3-6-4 應用方式 ①

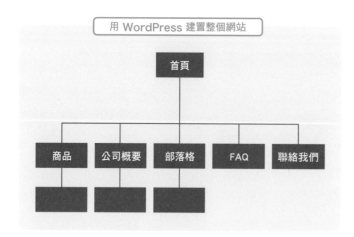

應用方式 ② 利用 WordPress 建置網站某些頁面

若想在現有的網站建置部落格專區，可利用 WordPress 建置，因為 WordPress 不僅可當成每日更新的部落格使用，也可當成儲存內容與文章的位置。

Lesson 3-6

利用 WordPress 建置網站

圖3-6-5 應用方式 ②

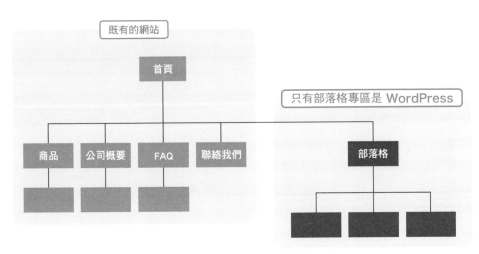

在敝公司經營的「語言的力量」就沒有使用 WordPress 建置整個網站，而是只將 WordPress 當成儲存內容與文章的位置使用。在「作者親授的內容製作祕笈」專欄裡，累積了超過兩百頁以上的內容。

圖3-6-6 利用 WordPress 經營部落格的範例

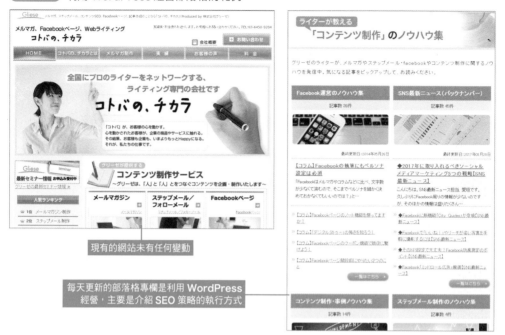

現有的網站未有任何變動

每天更新的部落格專欄是利用 **WordPress** 經營，主要是介紹 **SEO** 策略的執行方式

WordPress 的缺點？

剛剛提到不少有關 WordPress 的優點，但 WordPress 當然也有缺點，**最大的問題在於安全性**。WordPress 屬於開源碼系統，在全世界也佔有相當大的市場，這意味著**容易遭受駭客與病毒攻擊**。

其實敝公司的顧客**幾乎都曾被駭客入侵竄改過網站**。

這類問題的對策有下列三種。

對策 ①　備份

定期備份網站，避免「內容只存於 WordPress」。

對策 ②　升級

注意 WordPress 的版本。若有新版本推出，盡可能早一點升級。

對策 ③ ID 與密碼

為 WordPress 設定複雜的登入 ID 與密碼，建議密碼由大小寫英文字母、數字、符號設定，也別忘了定期更新，也推薦雙重驗證。

圖3-6-7 確實執行安全性對策

方便擴張與更新之外，還有什麼魅力？

WordPress 有利 SEO 策略的三個理由

若想透過 SEO 策略經營網站，最佳的利器莫過於 WordPress。一如前一課所述，WordPress 非常方便更新，也有許多有利 SEO 策略的優點。

多虧朋友幫忙，我的網站一步步完成了。

那真是太棒了，製作的部分交給朋友，SEO 策略的部分就要自己多加油囉！

WordPress 該如何執行 SEO 策略啊？

在此說明 WordPress 有利 SEO 策略的三個理由。

理由① 方便新增內容

一如前述，WordPress 可像是更新部落格般新增網頁，也因為有這樣的環境，才能輕鬆執行 SEO 策略。

能否增加實用的優質內容是執行內容 SEO 策略的一大關鍵，方便新增網頁的 WordPress 當然也很方便新增內容頁面，所以能幫助我們推動 SEO 策略。

理由② WordPress 的內部構造原本就適合 SEO 策略

不使用 WordPress 這類 CMS 建置與經營網站，就必須自行製作網頁，或是利用工具製作網頁，然後再將網頁上傳至伺服器。每個製作網頁的人或是工具都以不同的 HTML 建置頁面，命名 URL 的方式也不同，張貼網站的方法也不同，這些都會破壞網站的一致性。

若使用 WordPress 建置網站，就能利用同一套系統製作／更新網頁，也能統一網站的內部構造，而且只要事先設定，就能自動新增連結的 URL。只要網站的內部構造夠清楚，Google 的網路爬蟲也能迅速巡迴整個網站（等於提升可爬性）。

圖3-7-1 WordPress 有利於 SEO 策略

理由③ 有許多有利於 SEO 策略的佈景主題與外掛程式

WordPress 有許多佈景主題與外掛程式。佈景主題就是類似範本的東西，有些已免費開放使用，有的則需要另外付費。利用 WordPress 建置網站之際，建議一開始先決定佈景主題。下列是 WordPress 官方網站提供的佈景主題，提供大家參考與使用。

圖3-7-2 WordPress 佈景主題

佈景主題可縮短網站的製作時間，也能減少製作成本，若希望進一步推動 SEO 策略，則不妨使用「有利 SEO 的佈景主題」。此外，**也要確認佈景主題是否支援響應式網頁設計，提供者是否值得信賴，是否支援中文介面**，再行選用。

有利 SEO 策略的外掛程式之一為「**All in One SEO Pack**」。 敝公司的官方網站也採用了這個外掛程式。外掛程式就是能對特定軟體新增功能的軟體，可讓我們使用更多、更方便的功能。

圖3-7-3 All in One SEO Pack

採用 All in One SEO Pack 之後，WordPress 的管理畫面就會出現上述的方框，讓我們更方便輸入主題標籤。

這個外掛程式可讓我們像是撰寫部落格的標題般，輸入各頁面的主題標籤、敘述標籤。標題與敘述的標籤是於搜尋結果顯示的重要字串，也於 SEO 策略的成效有關，詳情請參考「Lesson 4-7 主題標籤與敘述標籤 ➡ P.150」的說明。

基於上述三項理由，WordPress 的確有利於 SEO 策略，Google 的 Matt Cutts 也曾發佈「WordPress 有利於 SEO 策略」的言論。

讓網路爬蟲早點光臨

製作網站地圖與通知 Google

新開張的網站要請 Google 的網路爬蟲來光臨，不妨先做張 XML 網站地圖。Google 的網路爬蟲基本上是利用連結瀏覽網站，如果能像這樣主動出擊，就能優先請來網路爬蟲。

我正在篩選出網站公開所需的網頁。

不管是為了顧客著想，還是希望 Google 的網路爬蟲早點來，都建議早早公開網站喲。

的確要請 Google 的網路爬蟲早點來光臨啊！

公開網站所需的兩種網站地圖

「Lesson 2-7 根據關鍵字製作網站地圖」➡ P.80 介紹了三種網站地圖。

- 用於建置網站的類型
- 提供使用者使用的類型
- 為了執行 SEO 策略的類型

「用於建置網站的網路地圖」可用於網站製作的規劃與整理，詳細內容可參考 Lesson 2-7。

網站開張之際，需要下列兩種網站地圖。

- 提供使用者使用的類型
- 為了執行 SEO 策略的類型

在網站公開「提供使用者使用的類型」，可讓使用者了解網站的構造與內容（**圖 3-8-1**）。

另一方面，「為了執行 SEO 策略的類型」則可讓搜尋機器人（網路爬蟲）知道網站的構造與內容，通常又稱為「XML 網站地圖」（**圖 3-8-2**）。

圖3-8-1 Gliese 官方網站的網站地圖

サイトマップ

▶ TOP	▶ 会社概要
▶ サービス	▷ 会社情報
▷ リードジェネレーション施策支援	▷ 代表メッセージ
▷ リードナーチャリング施策支援	▷ アクセスマップ
▷ コンテンツマーケティング施策支援	▷ 会社までの案内
▶ ニュース	▶ 採用情報
▶ セミナー	▶ お問い合わせ
▶ ホワイトペーパー	▶ 外部リンク
▶ メールマガジン	▷ 「コトバの、チカラ」
▶ 選ばれる理由	▷ 「SEOに効く！コンテンツ制作」

提供使用者使用的類型

圖3-8-2 XML 網站地圖

```
<?xml version="1.0" encoding="UTF-8"?>
- <urlset xmlns:xsi="http://www.w3.org/2001/XMLSchema-instance"
xmlns="http://www.sitemaps.org/schemas/sitemap/0.9">
        <!-- created with free sitemap generation system www.sitemapxml.jp -->
  - <url>
        <loc>http://gliese.co.jp/</loc>
        <priority>1.0</priority>
  </url>
  - <url>
        <loc>http://gliese.co.jp/whitepaper/</loc>
        <priority>0.8</priority>
  </url>
  - <url>
        <loc>http://gliese.co.jp/contact-form/</loc>
        <priority>0.8</priority>
  </url>
  - <url>
        <loc>http://gliese.co.jp/service/</loc>
        <priority>0.8</priority>
  </url>
  - <url>
        <loc>http://gliese.co.jp/seminar/</loc>
        <priority>0.8</priority>
  </url>
  - <url>
        <loc>http://gliese.co.jp/blog/</loc>
        <priority>0.8</priority>
  </url>
  - <url>
        <loc>http://gliese.co.jp/mailmagazine/</loc>
        <priority>0.8</priority>
  </url>
  - <url>
        <loc>http://gliese.co.jp/point/</loc>
        <priority>0.8</priority>
  </url>
```

為了執行 SEO 策略的類型

建立網站時，請先準備提供使用者使用的網站地圖與適合搜尋引擎使用的網站地圖。

透過 XML 網站地圖邀請 Google 機器人來光臨

XML 網站地圖可通知搜尋引擎網站內部有哪些頁面。

網站完成後，Google 的網路爬蟲也不一定會來光臨。雖然 Google 的網路爬蟲會順著連結巡迴整個網站，但新網站通常沒有到處張貼連結，所以可能要等很久才能等到網路爬蟲光臨網站。**如果希望 Google 的網路爬蟲早點光臨**，就必須通知 Google 已有網站創建。將 XML 網站地圖傳遞給 Google，可讓 Google 的網路爬蟲早點光臨網站。

製作與註冊 XML 網站地圖

製作 XML 網站地圖可使用網路上的自動產生服務或是拜託網頁設計公司製作。要將 XML 網站地圖傳送給 Google 時，可利用下列步驟從「Google Search Console」上傳。

❶ 點選 **Google Search Console** 的左側選單的「**Sitemap**」。

❷ 輸入 **Sitemap** 的網站之後

❸ 點選右上角的「提交」

圖3-8-3 Google Search Console

圖3-8-4 「新增 Sitemap」

新增 Sitemap

http://●●●●●.gotop.com.tw/●●●●●●●●/ 輸入 Sitemap 網址　　　　　　　　　　　　提交

2. 輸入 **XML** 網站地圖的 URL

3. 點選這裡送出

Google Search Console 是 Google 提供的網站管理員免費工具。詳情請參考 Lesson 7-2 ➡ P.236。

利用網址審查了解 Google 索引如何查看你的網頁

Google Search Console 提供了「網址審查」這項功能，藉由這項功能，可以幫助你改善網頁，排除網頁無法正確顯示在 Google 搜尋結果的問題。。

❶ 點選 **Google Search Console** 左側選單的「網址審查」。

❷ 輸入該頁面的 **URL**，然後按下 **Enter**。

圖3-8-5 取得 URL

❸ 若網址正確就會出現檢查結果的頁面。如果這個頁面需要建立索引，請點選「要求建立索引」

Lesson 3-8

製作網站地圖與通知 Google

圖3-8-6 要求列入索引

MEMO

「網址審查」不僅可用於新增的網頁，也可在現有的網頁改善之際使用。修正既有網頁的頁籤，或是修改與新增內文時，都可使用這項功能通知 Google，讓 Google 的網路爬蟲早日光臨。

讓使用者更舒適地瀏覽網站

改善顯示速度

大家有過打開網站，卻遲遲不顯示，讓人等得很不耐煩的經驗嗎？顯示速度是使用者能否舒適地使用網路的一大關鍵，若是太慢，使用者就可能會離開網站，所以讓我們一起改善吧！改善顯示速度也有利於 SEO 策略喲。

很煩啊，急著要瀏覽資料，網頁卻一直跑不出來！

啊，我知道這種感受，我也是急性子的人，只要沒辦法立刻打開網頁，我就會關掉。

顯示速度也是 SEO 策略的重要環節，對使用者也是非常重要的一部分。為了留住好不容易造訪網站的使用者，對於顯示速度也要有所了解並加以改善才行。

利用 PageSpeed Insights 調查顯示速度

「PageSpeed Insights」是調查網頁顯示速度的工具，只要輸入 URL 就能測量網頁在行動裝置與電腦的顯示速度。

分析結果以一百分為滿分，也會顯示改善速度的方案。各種改善方案都會註明改善後，能提升多少顯示速度，所以可從提升較多的項目改善。

PageSpeed Insights 的使用方法如下。

❶ 開啟「**PageSpeed Insights**」的頁面。
https://developers.google.com/speed/pagespeed/insights/

② 輸入要調查顯示速度的 URL，再點選「分析」。

圖3-9-1 分析要調查的網站

③ 顯示分析結果。點選「電腦版」就能顯示於電腦顯示的分析結果。

圖3-9-2 分析結果

④ 「最佳化建議」下方會顯示改善顯示速度的具體建議（圖 3-9-3）。

⑤ 點選建議項目最右邊的箭頭，就能顯示具體建議的內容與改善之後的效果（圖 3-9-4）

圖3-9-3 具體建議的清單

最佳化建議 — 這些建議有助於提

最佳化建議

■ 啟用文字壓縮

■ 排除禁止轉譯的資源

■ 提供 next-gen 格式的圖片

■ 圖片編碼有效率

4. 點選「顯示修正方法」

圖3-9-4 改善之後的效果

■ 排除禁止轉譯的資源　　　　　　　　0.33 s ∧

網頁的資源過多，因此妨礙了首次顯示畫面的時間。建議你先載入重要的內嵌 JavaScript/CSS，並延後載入不重要的 JavaScript/樣式。瞭解詳情。

網址	大小	可節省的數據用量
/js/jquery-1.4.4.min.js	77 KB	310 ms
/js/slides.min.jquery.js	8 KB	150 ms
/css/global.css	2 KB	110 ms

5. 顯示改善方案與改善之後的效果

利用 Google Analytics 搜尋顯示緩慢的頁面

Google Analytics（詳情請參考 ➜ P.240）可從所有頁面找出顯示速度緩慢的頁面。Google Analytics 可搭配「PageSpped Insights」，直接確認各頁面的分數與改善方案。

請試著如下操作。

❶ 點選 **Google Analytics** 左側選單的「行為」➜「網站速度」➜「網頁操作時間」。

圖3-9-5 在 Google Analytics 確認「網頁操作時間」

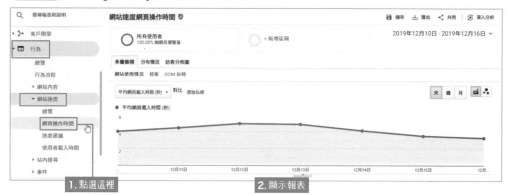

1. 點選這裡　　　　**2.** 顯示報表

② 往下捲動頁面，會發現每個頁面會有綠色或紅色的圖表，綠色圖表（數值為負）的頁面代表顯示速度比整個網站的平均載入時間（秒）還快，紅色圖表的頁面則代表比較慢。可針對顯示速度較慢的頁面進行改善。

圖3-9-6　在 Google Analytics 確認「網頁操作時間」

這個頁面以「平均網頁載入時間」、「網頁瀏覽量」、「跳出率」、「離開百分比」、「網頁價值」為軸，可讓資料以昇冪或降冪排序。可確認「跳出率或離開百分比較高的頁面有可能顯示速度比較慢」的假設是否正確。

圖3-9-7　改善指標與排序方式

在 Google Analytics 接受「PageSpeed Insights」的建議

也可以從 Google Analytics 的畫面接受「PageSpeed Insights」對各個頁面的改善方案。請如下操作。

❶ 在 Google Analytics 的左側選單點選「行為」➡「網站速度」➡「速度建議」。

❷ 此時會根據網頁瀏覽量由高至低顯示「平均網頁載入時間（秒）」、「**PageSpeed 建議**」、「**PageSpeed 分數**」（圖 3-9-8）。

❸ 點選「**PageSpeed 建議**」的「合計○個」，啟動「**Page Speed Insights**」，就會顯示「**最佳化建議**」（圖 3-9-9）。

圖3-9-8 各頁面的速度改善方案

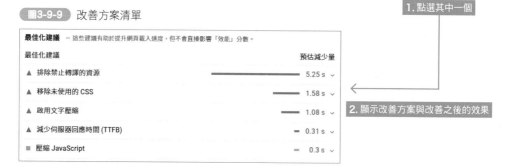

圖3-9-9 改善方案清單

1. 點選其中一個

2. 顯示改善方案與改善之後的效果

Lesson 3-10 集中精力在自己該做的事

挑選擅長 SEO 策略的網頁設計公司

要一手包辦 SEO 策略或網頁設計實在不太容易。專業的事交給專家，才能更有效率地創建與經營網站。

我不知道該自己製作網站還是外包給別人。

如果預算沒問題的話，把專業的事交給專家處理會比較有效率喲。

為了集中精力在社長的職位上，希望能挑到值得信賴的外包商啊。

是外包還是自製？

最近有不少服務讓初學者也能建置網站的服務，而且也很重視內容 SEO 策略，所以即使是初學者也能一手包辦網站設計與推動 SEO 策略。

不過實際製作網站之後就會發現，光是製作一張網頁就得耗費不少時間，一個人得負責拍照、寫內文、製作文案、測試完成的網頁，該做的事情多到讓人手忙腳亂。

這時候不妨從製作成本與專業性的角度將這些作業分類成外包或自製的項目。

挑選擅長 SEO 的網頁設計公司

每間網頁設計公司都有自己的特徵。例如：

- 重視強項
- 擅長開發系統
- 架設過許多電子商務網站
- 擅長 SEO 策略
- 可同時製作紙本媒體
- 擅長製作影片

若打算外包，就必須了解對方的專長，有些公司從「網頁製作公司」起步，有些則是從出版轉換跑道，從事網頁製作的公司。

有些公司有許多系統開發人員，有的則擅長製作紙本或影片這類媒體。為了避免遇到「擅長設計，卻不懂 SEO 策略的製作公司」請務必確認各公司的優點與過去的作品，再從中挑選適當的外包商。

圖3-10-1 了解製作公司的強項

外包 SEO 的注意事項

SEO 的專業公司很多，只要設立網站，就可能會有 SEO 的專業公司上門洽詢是否需要他們的服務。建議不要外包給使用下列這些手法的公司。

購買反向連結

執行 SEO 策略時的確需要反向連結，但反向連結並非萬能，來自品質低劣網站的連結或是購買的連結將被 Google 視為懲罰的對象，所以千萬不要使用購買連結的服務。

圖3-10-2 反向連結 NG

自動產生內容

執行 SEO 策略時，增加內容也是非常重要的一環，但品質低劣的內容對使用者毫無助益，也很可能被 Google 懲罰，所以千萬不要使用自動產生內容的服務。

拜託不專業的寫手製作內容

有些主題的內容需要耗費不少時間撰寫，所以有些人的確會想將撰寫內容的業務交給外包商，但如果是託付給沒有 SEO 知識的寫手，就有可能無法透過 SEO 策略推動好不容易寫成的內容。如果對方沒什麼著作權的概念，很有可能會剽竊其他公司的原稿。所以內容製作不是自己負責，就該託付給值得信賴的內容製作公司。

製作優質內容的方法
～內容對策篇～

最新的 SEO 王道就是製作「對使用者有用的優質內容」。若問我什麼是最有效的 SEO 策略，我肯定立刻這麼回答！請大家將精力集中在製作實用的內容上。

為使用者著想，製作有用的內容絕對是最理想的 SEO 策略。

時時以使用者為念

向 Google 學習內容的重要性

在執行 SEO 策略的時候，一定很常聽到「重視內容」這句話，但「製作內容」可不只是一直增加頁面而已，必須判斷內容是否對使用者有益處。一起了解 Google 的思維，思考什麼才是對使用者有用的內容吧！

> 我好想趕快有顧客搜尋，然後跟我買東西喔。要讓搜尋結果的排名提高，該注意哪些事情啊？

> 真正重要的事情不是「提高在 Google 的順位」，而是思考「該怎麼做，才能讓自己的網站幫助使用者」喲，Google 也一直抱持著這個想法。

Google 會讓哪些網站登上搜尋結果的第一名？

Google 的工作是「幫使用者找到需要的網站」，告訴使用者「你需要的就是這個網站」。如果能告訴使用者最理想的網站，使用者應該會覺得「真不愧是 Google！總是讓我找到最棒的網站，果然 Google 是最棒的搜尋引擎」。

身為世界第一搜尋引擎的 Google 一直都希望能有很多使用者使用他們的服務，所以搜尋結果一定要是對使用者有用的網站或網頁。換言之，我們這些網站經營者必須思考使用者想搜尋的內容，也必須提供使用者覺得有用的資訊。**讓我們一起研究使用者的煩惱與課題，一起製作能幫助使用者的內容。**

請大家看看 Google 網站刊登的這一句話。

> 66 Google 抱持著「只要以使用者為中心，一切就會水到渠成」的理念。
>
> https://www.google.com/about/unwanted-software-policy.html

Google 自己也明白地宣佈，「不要想在 Google 成為第一名，而是要思考能為使用者提供什麼」。

了解 Google 方針的方法

Google 每天都不斷地改造自己。雖然未曾公開演算法的細節，卻以不同的形式發表 Google 的想法與方針。其中之一就是 Google 網站管理員官方部落格。

2017 年 2 月 3 日（星期五）的文章曾就提升日語搜尋品質公開表示「**具有原創性與實用性內容的高品質網站，排名將會上升**」（**圖 4-1-1**）。

圖 4-1-1 以提升日語搜尋品質為題的文章

Google ウェブマスター向け公式ブログ

Google フレンドリーなサイト制作・運営に関するウェブマスター向け公式情報

日本語検索の品質向上にむけて
2017年2月3日金曜日

Google は、世界中のユーザーにとって検索をより便利なものにするため、検索ランキングのアルゴリズムを日々改良しています。もちろん日本語検索もその例外ではありません。

その一環として、今週、ウェブサイトの品質の評価方法に改善を加えました。今回のアップデートにより、ユーザーに有用で信頼できる情報を提供することよりも、検索結果のより上位に自ページを表示させることに主眼を置く、品質の低いサイトの順位が下がります。その結果、オリジナルで有用なコンテンツを持つ高品質なサイトが、より上位に表示されるようになります。

https://webmaster-ja.googleblog.com/2017/02/for-better-japanese-search-quality.html

此外也請關注「Google Search Console」的頁面，尤其是**網站管理員指南（品質指南）**更是建議讀一遍。

図4-1-2 Google 網站管理員指南（品質指南）

https://support.google.com/webmasters/answer/35769

此外，後續將在 Lesson 7-2 ➡ P.236 進一步說明 Google Search Console。

內容 SEO 策略的建議

所謂「內容 SEO 策略」就是將 SEO 策略的重點放在「內容」，也就是**持續製作優質的原創內容，並且不斷提升品質**，藉此得到使用者的好評，同時提升 Google 搜尋結果的排名。

請大家一邊參考 Chapter 2 挑選關鍵字的方法，一邊了解使用者為何搜尋，只上傳使用者喜歡的資訊。

如何創造差異化

製作優質的原創內容

到底什麼是對使用者有用的內容呢？接著為大家介紹一些能避免內容與其他公司雷同，又能製作原創內容的方法。

> 製作內容就是自己思考內容的主題，然後再寫成文章嗎？

> 內容不一定只能是文章，也可以是影片、漫畫，種類有很多喲，但最基本的還是「文章」。

> 我從小就很不擅長寫作文，每次要製作內容，都好像得花 2～3 天，網路上沒有類似的原稿嗎？

> 唉！妳剛剛說了很危險的事情。

網路研究的危險性

從網路找資料，再將資料寫成文章是一件很危險的事，因為這些網站的資訊**不一定都是正確的**。

網路的特徵就是誰都能發送資訊，而這些資訊很多來自假名、匿名、無名的使用者，判斷網路資訊的正確性是一項非常重要的事。

若要從網路找資料，就要先判斷該資訊是否正確，然後當成一次資訊使用。基本上，網路找到的資料只能當成參考，**還是得自行撰寫原稿**。

製作內容時，若不想在網路找資料，又該怎麼製作呢？

原創性內容的製作方法① 撰寫自己的體驗

假設我們要寫一篇「煮一杯美味咖啡的方法」的內容。搜尋「咖啡 煮法」會找到許多咖啡廳、咖啡豆專賣店、咖啡周邊商品專賣店的網站。只要把這些網站的內容放進文章，這篇文章就寫好了。

但是**這種內容沒有原創性**，使用者會想看這種猶如大雜燴的文章嗎？在此建議大家撰寫「**自己親手試過的事情**」。撰寫自己的親身體驗絕對會是百分百原創的內容。舉例來說，可寫成下列這種個性鮮明的文章。

- 試過調整煮咖啡的熱水的溫度
- 試過比較不同的咖啡豆
- 換了幾種煮咖啡的道具，想看看味道有什麼不一樣
- 十八歲的我，第一次成為咖啡店員，煮了人生中第一杯道地的咖啡（體驗記）
- 在知名咖啡廳「○○○」的店長手下學習煮一杯美味咖啡的方法
- 想去咖啡聖地的巴西一遊

原創性內容的製作方法② 田野調查／採訪

在 BtoB 企業的網站越來越常看到田野調查或採訪的報導。想透過網頁宣傳自家公司的產品時，自家人的意見總是少了幾分說服力，所以可試著訪問用過自家產品的顧客，聽聽他們的想法。例如，可一邊如下列的方式發問，一邊讓對話更有內容。

圖4-2-1 採訪實例

在採用這項產品之前，您都是怎麼做的？
可以告訴我們採用之前有哪些煩惱或問題嗎？

市面上有很多類似的產品，但您為什麼會選擇
本公司的產品呢？關鍵是什麼呢？

您覺得採用產品的步驟與順序如何？
能否依照步驟或順序的時間告訴我們呢？

採用產品後，有哪些改變呢？
之前的煩惱或問題解決了嗎？

今後有什麼夢想呢？
務必告訴我們您的遠景。

採訪內容不會與其他公司的網站重複，而且也能提供面臨相同問題的企業一點參考，所以是非常優質的原創性內容。

原創性內容的製作方法③　問卷調查

網路上雖然有很多問卷調查的結果，卻不能放在自家網站使用。讓我們自行實施問卷調查，再當成自家網站的內容公佈吧！

要實施問卷調查，就必須找到一定人數的受訪者。如果自家公司的人數不夠，不妨委由問卷公司執行。

接著為大家介紹幾家問卷公司。搜尋「問卷 公司」，找出看起來服務不錯的公司吧！

圖4-2-2　自助型網路調查「Fastask」

https://www.fast-ask.com/

圖4-2-3 Macromill

https://www.macromill.com/

圖4-2-4 樂天調查

https://research.rakuten.co.jp/

不要只是將問卷調查的結果放上網站，而是要寫出自己看了問卷結果之後，有哪些分析與考察。

COLUMN ○ ○ ○ ○ ○ ○ ○ ○ ○ ○

利用引用標籤避免重複內容

撰寫原稿時，有時候會引用內容。所謂引用，就是將他人內容的一部分寫進自己的內容裡。由於是複製貼上別人的內容，所以有可能會被當成重複內容，這是非常不利於 SEO 策略的做法。

此時就該使用引用標籤避開這個危險。

即使在自己的內容標明「這部分內容是自○○引用」的文字，Google 的網路爬蟲也看不懂，所以要使用引用標籤告訴網路爬蟲「這部分的文章是引用的」。

blockquote 就是引用標籤，請用 <blockquote> 標籤括住引用部分的開頭與結尾。

> 【使用範例】
> <blockquote> 在此放入引用的文章 </blockquote>

使用引用標籤就能避免因為重複內容而被懲罰。

究竟想要傳遞哪些訊息？

首頁應該
出現什麼內容？

首頁是網站的入口也是門面，更是左右使用者第一印象的重要頁面。每個人都想把首頁設計得很漂亮，但沒有使用者造訪，一點意義都沒有，所以千萬別忘了替首頁實施 SEO 策略。

> 製作網站就得在首頁多花一點心思吧！我想把首頁做得很酷。

> 首頁是網站的門面，要是使用者覺得很糟，恐怕會掉頭就走，所以當然會想做得酷一點，不過呢……

> 首頁除了要重視設計之外，還有什麼必須要重視的地方嗎？

考慮首頁該擺哪些關鍵字

基本上，**瀏覽率最高的就是首頁**（**圖 4-3-1**）。因為首頁是網站的入口，當然要多花一點心思製作。每個人都希望把首頁做得很酷，但就 SEO 策略的角度來看，最重要的還是關鍵字。讓我們把首頁打造成重視關鍵字的架構吧！到底該在首頁植入哪些關鍵字？如果網站的製作與設計都是外包，也不要忘記告訴對方「主要的關鍵字」。

除了圖片之外，也要放入足量的文字

首頁是網站的門面，但有些首頁過於重視外觀的設計，塞了一堆大圖、影片或橫幅。我聽過「在首頁放一堆文字，看起來很不美」、「放一堆文字，一點美感都沒有」、「寫一堆文字

很土」的説法，但是 **Google** 的網路爬蟲比較能從文字找出重點，而不是從圖片找出重點，所以記得要放入文字喲（**圖 4-3-2**）。

圖4-3-1 從首頁進入網站的使用者

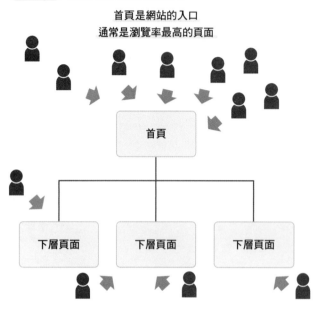

圖4-3-2 插入適量的文字

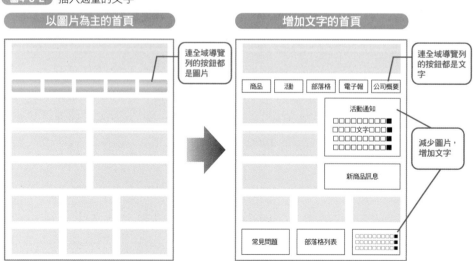

嚴選要告訴初次來訪者的訊息

如果是提供大量商品或服務的網站，一味地宣傳「我們有賣很多東西」、「我們什麼都辦得到」，反而會讓顧客不知道「這裡到底是什麼商店」。

此時使用者有可能會覺得「這裡會有我要的東西嗎？」「會有人幫我忙嗎？」然後前往其他網站。錯失首次造訪的使用者對網站經營而言，可是一大遺憾。

回頭客是因為喜歡我們的網站而再次來訪，所以已經知道我們的網站都在賣什麼，但首次造訪的使用者則不一樣。

簡單易懂地讓首次造訪的使用者知道「你的煩惱，我們能解決」是非常重要的步驟。

實例：將訊息精簡至「只剩一個」

讓我們一起看看富士通 Computer Technologies 的首頁（**圖 4-3-3**）。富士通其實提供了許多服務，但首頁只主打「內嵌式系統開發」這項服務。

圖4-3-3 富士通 Computer Technologies 的首頁

http://www.fujitsu.com/jp/fct/

在首頁的明顯可見區域登載了下列的文章（文字），讓使用者知道「我們是開發內嵌式系統的專家」。

> 創業已逾三十年以上的富士通 Computer Technologies（FCT）致力於內嵌式開發的技術提升。不管是感應器終端這類超小型機器，還是超級電腦所代表的高品質、高性能系統，我們都能提供各種產品的內嵌式系統開發服務。

在首頁對那些透過搜尋引擎，首次登門造訪的使用者說「我們提供這樣的服務」，可避免使用者離開網頁，引導使用者進一步深入網站。

同時提供多項服務的企業敢在首頁只放一種服務，主打一個訊息，就某種程度而言，是非常有勇氣的選擇。

考慮反向連結的問題

反向連結（其他網站幫忙張貼自家網站連結）是 SEO 策略的重要因素。讓我們思考一下，「自家的網站會被哪些網站張貼哪些連結吧」。

假設我們的網站名稱是「FUKUDA 商店」，會希望外部網站如何張貼我們的連結呢？

圖4-3-4 希望被點選的網站名稱是？

如果只有「FUKUDA 商店」，使用者恐怕不知道是在賣什麼，其他網站的使用者也不會點選「FUKUDA 商店請點選這邊」的連結。

但如果是「咖啡豆專賣店 FUKUDA 商店請點選這裡」，對咖啡豆有興趣的使用者就有可能會點選，進而造訪「FUKUDA 商店」。當別人願意幫忙張貼網站時，若能寫成這樣的內容，使用者就很有可能購買商品。

就 SEO 策略的觀點來看，含有關鍵字的連結也比較會被張貼。如果其他公司的網站也是咖啡豆相關網站，張貼連結的效果就更強。有關反向連結，請參考「Chapter 5 收集優質連結的方法」➡ P.171。

如何請別人幫忙張貼連結？

話說回來，該怎麼讓別人以「咖啡豆專賣店 FUKUDA 商店請點選這裡」的方式張貼連結呢？

答案很簡單，就是在撰寫網站名稱的時候，直接寫成「咖啡豆專賣店 FUKUDA 商店」即可。除了將主題標籤 ➡ P.150 寫成這個內容之外，也可以在各頁面的上方撰寫「咖啡豆專賣店 FUKUDA 商店」。

幫我們張貼連結的人，一定是從網站複製貼上「咖啡豆專賣店 FUKUDA 商店」的字眼，所以只要在網站最顯眼的位置，**以純文字的方式寫上「咖啡豆專賣店 FUKUDA 商店」**即可。

如果網站名稱有英文字母，或是使用了簡稱、縮寫，就建議用中文寫一些有關「本公司是什麼專賣店」的內容，使用者才能知道這裡是什麼網站。

圖4-3-5 記載網站名稱的位置

在主題標籤寫入關鍵字

`<title>` 咖啡豆專賣店 FUKUDA 商店 `</title>`

咖啡豆專賣店
FUKUDA商店

經營公司：咖啡豆專賣店FUKUDA商店

在頁尾植入關鍵字

告知下層頁面的內容，作為引導使用者之用

首頁是網站的入口，而首頁的下一頁則有**引導使用者繼續瀏覽**的功能。首頁若已標記主要的商品或服務，那就植入下層頁面的連結。

Google 的網路爬蟲基本上是從首頁往第二層、第三層、第四層確認網站的內容。**若能提升第二層網頁的重要性**，就能引導網路爬蟲往下層繼續瀏覽。

造訪首頁的使用者想看的下一張網頁是哪裡？請利用首頁上方的連結，引導使用者到想去的地方吧！

一定要有關鍵字！
標題的設定方式①

執行內容 SEO 策略時，最重要的就是要持續撰寫專欄的內容。請定下一週寫一篇、一個月寫一篇這類長期計畫。為了讓更多人知道這些內容，設計一個響亮的標題是非常重要的。

> 如果是夏威夷珠寶的事情，我可以寫一大堆喲，我也想增設一個內容實用的專欄。

> 內容實用的專欄就像是執行內容 SEO 的補給汽油，為了避免沒油失去動力，請務必持續撰寫專欄。

> 我會加油的，不過什麼標題的專欄會比較有人看呢？

請設計含有關鍵字的標題

SEO 策略的內容最好能在文章的標題（大標）放入關鍵字。例如要以「夏威夷珠寶 挑選方法」的關鍵字擠進搜尋結果的前段班，就該在標題（大標）放入「夏威夷珠寶」與「挑選方法」這兩個關鍵字。

你可能會設定成如下標題：

❶ 夏威夷珠寶的挑選方法

❷ 挑選夏威夷珠寶的三個重點

❸ 不行這樣挑！挑選夏威夷珠寶的方法

上述的三個標題都含有「夏威夷珠寶」與「挑選方法」這兩個關鍵字，也有利於 SEO 策略的推動。不過上述的標題都很無聊。**標題是讀者判斷要不要閱讀內容的線索**，所以要設計一個讓使用者「想要一讀」的標題才行。

MEMO ///

有些專欄的標題會使用主題標籤或 h1 標籤。為了在重要的標籤放入關鍵字，設計一個含有關鍵字的標題是非常重要的喲。

聳動標題的設計方法

該怎麼做，才能設計出讓使用者一看到就能有「想要讀看看」、「忍不住想讀」感覺的標題呢？

如果將剛剛的「夏威夷珠寶 挑選方法」設計成更聳動的標題，那應該會是

1. 向夏威夷珠寶店店長請益！夏威夷珠寶的挑選方法

2. 向最愛的她獻上禮物！夏威夷珠寶的挑選方法

3. 一生的記念！夏威夷珠寶的挑選方法

4. 挑選夏威夷珠寶的三個錯誤

5. 不知挑選道夏威夷珠寶的方法就虧大了！的五個理由

雖然可以加上這些變化。不過標題越聳動，內容就越難寫。請問問自己，**能用這種標題撰寫內容嗎**？然後再決定適當的標題。

不管是三個還是四個單字，標題一定要有關鍵字

如果希望以「夏威夷珠寶 挑選方法 男用」登上搜尋結果第一名，應該在標題放入「夏威夷珠寶 挑選方法 男用」這些字眼。例如可將標題設計成下列內容。

1. 男用夏威夷珠寶的挑選方法

2. 送給男性夏威夷珠寶的三個挑選重點

3. 與送給女性不同！男用夏威夷珠寶的挑選方法

即使關鍵字有四個，也應該盡可能將關鍵字放入標題。

有時候不一定要放入「關鍵字」!

在標題放入關鍵字不過是眾多 SEO 策略的一項策略,如果放入關鍵字會讓標題顯得很奇怪,那麼就不要放關鍵字。

只要內文寫得很具體,標題沒有關鍵字也不會有什麼問題。與其將重點放在標題的設計,不如多關心內容的品質。

比方說關鍵字是「夏威夷珠寶 挑選方式 男用」,沒有關鍵字的標題如下。只要內容充實,標題夠吸引人,那麼沒有關鍵字也沒關係。

1. 現場直擊!三十歲女子送給初戀男友的聖誕節禮物

2. 常被當成女性專用的三種首飾

3. 帥氣男常戴在身上,很平價又很酷的首飾是什麼?

知道使用者的想法，就知道該怎麼寫內容

從使用者的搜尋動機思考！標題的設定方式②

為了吸引讀者閱讀專欄，標題可說是至關重要。如果讀者一看到標題就覺得「好像很無聊」、「早就知道了」，有可能就會離開網站。為了設計一個讓使用者覺得「我找了好久！這就是我想知道的內容！」「好有趣，好想讀」的專欄標題，一定要思考使用者都在想什麼。

> 前幾天女朋友告訴我，她生日時「什麼都不需要」，結果我什麼都沒準備，然後就被罵了一頓。

> 只有一句「什麼都不需要」，實在很難解讀背後的意思。這跟搜尋一樣，了解使用者的搜尋動機，是抓住使用者內心的第一步。

搜尋動機是什麼？

搜尋動機就是「使用者是基於什麼心情搜尋」「是為了什麼搜尋」，也就是使用者的心情。例如搜尋「新宿 卡拉 OK」的使用者，應該是想去新宿的卡拉 OK，正在搜尋哪裡有卡拉 OK 的人吧！如果搜尋結果出現新宿的卡拉 OK，那麼就符合使用者的搜尋動機。

反觀搜尋「新宿 卡拉 OK 價格」的人，恐怕是想知道卡拉 OK 的行情，此時提供每小時平均價格的資料最為理想。提供最划算的價格或是提供與其他地區的比價才真的符合使用者的搜尋動機。

從搜尋動機思考專欄的標題

讓我們試著以「營養補給品 盒子」為例說明。若要從這個關鍵字思考專欄的標題，你會想到什麼標題呢？

有些人只是想買盒子，但有些人可能想知道盒子的種類。符合「營養補給品 盒子」的專欄標題有可能是**圖 4-5-1** 這些舉例。

圖4-5-1 根據關鍵字設計標題的範例

接著讓我們想想使用者的搜尋動機。搜尋「營養補給品 盒子」的人都是基於什麼心情搜尋？

圖4-5-2 試著想想搜尋動機

光是這樣的關鍵字實在不容易想像，讓我們**利用工具找找看第三個關鍵字會是什麼吧**。關鍵字規劃工具 ➡ P.72 可幫助我們找到接在「營養補給品 盒子」之後的關鍵字。在關鍵字規劃工具的搜尋方塊輸入「營養補給品 盒子」，這項工具就會幫我們找出常與「營養補給品 盒子」搭配的關鍵字。如果替搜尋關鍵字分類，可發現其中有三種類型的使用者。

設計標題時，必須想像使用者的搜尋動機，據此準備與搜尋動機對應的內容。

圖4-5-3 分類搜尋關鍵字

關鍵字（依關聯性）		平均每月搜尋量 [?]
營養補給品盒子	⬚	1,900
營養補給品 百元商店	⬚	170
營養補給品盒子 無標誌	⬚	170
營養補給品盒子 時尚	⬚	170
營養補給品 推薦	⬚	110
營養補給品 可愛	⬚	110
營養補給品 大創	⬚	90
營養補給品 Seria	⬚	50

關鍵字（依關聯性）		平均每月搜尋量 [?]
營養補給品盒子 密閉	⬚	40
營養補給品盒子 Amazon	⬚	30
營養補給品盒子 Fancl	⬚	20
營養補給品盒子 DECO	⬚	10
營養補給品盒子 Pecon	⬚	10
營養補給品盒子 大容量	⬚	10
麗絲玲營養補給品盒子	⬚	10
營養補給品盒子 樂天	⬚	10

類型 1：重視時尚的人

搜尋淡藍色外框的「時尚」、「推薦」、「可愛」這三個關鍵字的人會不會是「**很有女人味、喜歡小東西、會在別人面前吃營養補給品，在意別人眼光的人**」？這樣的人應該會對下列的標題有興趣。

圖4-5-4 對類型 1 有用的標題

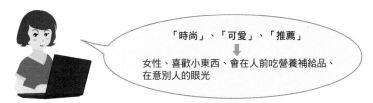

設計標題的方法（高級篇）▶ 根據搜尋動機設計標題

「時尚」、「可愛」、「推薦」
↓
女性、喜歡小東西、會在人前吃營養補給品、在意別人的眼光

最推薦女性，充滿時尚設計的營養補給品盒子在這裡！

懂不懂營養補給品就看盒子
時尚vs.可愛
挑選營養補給品盒子的祕訣

嚴選！
忍不住想秀給別人看
可愛的營養補給品盒子

類型 2：重視價格

搜尋藍框的「百元商品」、「無標誌」、「大創」的使用者，有可能是抱著「**不想花太多錢、想買得便宜、設計簡單就好、東西好就立刻買**」的心情搜尋。

這樣的人，應該能以下列的標題抓住他們的內心。

- 每個都是一百元，在大創能買得到的營養補給品盒子
- 立刻就想買！超便宜的營養補給品盒子
- 設計簡單的營養補給品盒子在這裡買得到

類型 3：重視功能

搜尋灰色外框的「密閉」、「大容量」的人應該是「**重視功能與使用方便性的人**」。只要在標題植入具體的關鍵字，應該就能引導他們閱讀專欄。

下列是設計得稍微有點聳動的標題。

- **功能性營養補給品盒子的關鍵在於密封與大容量**
- **大容量且密閉性極高的營養補給品盒子就是這個**

將搜尋關鍵字拆成三個或四個，使用者的搜尋動機就更加具體明確。

設計標題時，請務必想像使用者的搜尋動機與準備相呼應的內容。

根據關鍵字撰寫故事

提升內容品質的架構

蓋房子的時候，應該不會有人先從柱子開始吧？一開始一定是先繪製設計圖。
專欄的內容也是一樣，一開始也要先繪製設計圖，沒問題了再開始寫文章。

> 一提到寫文章，就有種「這也想寫」「那也想寫」的心情，簡直就是沒完沒了。我常被問「所以妳到底想說什麼？」……

> 沒有重點的文章啊……好像女性特別有這毛病。先決定好架構就能知道該寫什麼，也能避免亂寫一通。

如何寫出關鍵字不過度集中的文章？

為了 SEO 策略撰寫的內容**最好能到處都是關鍵字**。若希望以「夏威夷珠寶 挑選方法」這個關鍵字擠進搜尋結果前幾名，比起只在內文的前半段植入「夏威夷珠寶 挑選方法」的文章，在前段、中段、後段都植入「夏威夷珠寶 挑選方法」關鍵字的內文才更理想。

關鍵字過度集中於內文的前半段或後半段，這部分的文章很可能會被當成是另一個話題，也有可能寫成與關鍵字無關的文章。

貫穿整個故事的骨架扮演什麼角色？

應該很少人有過一邊想關鍵字一邊寫文章的經驗，所以一開始先不要急，先從建立骨架開始。**骨架就是文章的架構**，也就是描繪整體的故事。

假設文章的標題是「夏威夷珠寶 挑選方法」，那麼就先寫出有哪些內容能寫，然後要如何安排這些內容的順序。

建立骨架可幫助我們釐清內容的故事，寫出顛撲不破的文章，還能幫助我們守住內文的主線，排除多餘的內容，讓文章更有一致性。

找出「夏威夷珠寶 挑選方法」該寫的內容

該怎麼告訴使用者「夏威夷珠寶 挑選方法」呢？請先寫出想到的點子，或是與別人討論一下，看看有沒有什麼靈感。

夏威夷珠寶其實也分成項鏈、戒指、耳環、手環，不知道這些東西的特徵，就無法挑選吧？

夏威夷珠寶的挑選重點也是因人而異，所以可依照性別、年齡或喜好寫寫看挑選方法。

若以「購買目的」而言，有些人會買來送禮，有的人則是買來自用。

是不是有點靈感了呢？找出很多這類主題，再篩選出實用的內容是最有效率的方法。只是將「想寫的內容」、「能寫的內容」、「已經知道的內容」列出來是沒用的！請務必先進行篩選。

利用便條紙建立骨架的「四個步驟」

篩選內容時，便條紙可說是一大利器。可利用下列四個步驟建立骨架。

步驟 ①　篩選資訊

先在便條紙寫出大量的資訊。這步驟的重點在於「量」，即使是與這次主題不相符的資訊也可以先寫出來，有可能會是另一個主題的材料。

步驟 ② 分組

將類似的內容分成同一組，如此一來就能發現哪些組別的內容不足，可另外補充內容（追加便條紙），也能知道是否要新增群組。即使出現無法分組的資訊（便條紙）也無所謂，可在撰寫其他主題的時候使用。

步驟 ③ 貼標籤

在每個組別貼標籤。標籤就像是標題，請貼上能代表該組別的標籤。

步驟 ④ 建立骨架

思考內容的編排（撰寫順序）。由於已經寫在便條紙上，所以能隨時調動順序，也能新增或移除便條紙。

图4-6-1 使用便條紙建立骨架的流程

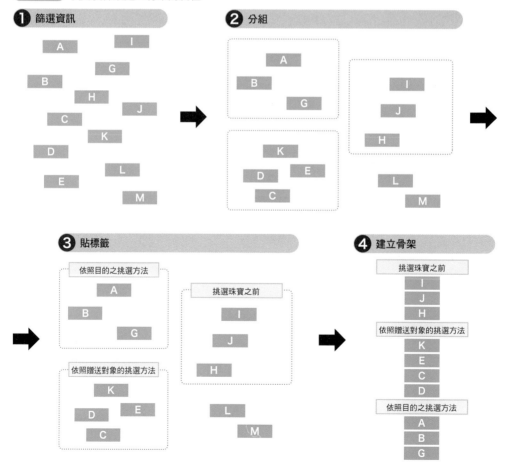

建立骨架、設計圖

骨架完成後，可透過下列重點確認。

- 是否符合關鍵字？
- 是否包含使用者想知道的內容？
- 開頭與結尾是否一致？

圖4-6-2 建立骨架、設計圖的實例

- **關鍵字**　　　　　　夏威夷珠寶　挑選方法

- **標題（大標）**　　　第一次的夏威夷旅行
　　　　　　　　　　　絕對不會失敗的夏威夷珠寶挑選方法

- **範本**　　　　　　● 決定撰寫的位置（骨架／設計圖）

總　論	第一次的夏威夷旅行。想將珠寶當成伴手禮的挑戰祕訣。掌握基礎知識，為你的對象或是依用途挑選最適合的珠寶。
論　點　①	挑選夏威夷珠寶之前，先理出種類。
論　點　②	依照贈送對象的挑選方法
論　點　③	依照目的之挑選方法
結　論	夏威夷珠寶的種類非常豐富，不能依照自己的喜好挑選，而是要依照贈送對象或目的挑選。

骨架建立完成後，就能一步步寫出文章了。

在看不見的地方發揮效力

主題標籤與敘述標籤

除了內文之外，還有其他部分能寫成符合 SEO 策略的內容。雖然在頁面上看不到，但從 SEO 策略的角度來看，這些部分與內文一樣重要。讓我們一起了解主題標籤與敘述標籤吧！

標籤聽起來好專業，我們這些網站經營者不知道也沒關係嗎？感覺就像是程式語言的世界⋯⋯

不是哦，至少應該知道一些基本的標籤，不然會有點麻煩。例如該記住影響 SEO 策略的標籤。

建置網站的 HTML 標籤

網站是利用 HTML 標籤建置，而 HTML 的縮寫就是「HyperText Markup Language」的縮寫。如同字面意思為標記的「Markup」，HTML 可明確標記文件的各部分具有哪些功能。

以實例說明可能比較好懂，所以讓我們透過下列的步驟確認 HTML 標籤吧！

確認 HTML 標籤

❶ 請開啟喜歡的網站

❷ 在瀏覽器按下滑鼠右鍵，點選「檢視網頁原始碼」

❸ HTML 標籤會自動顯示

圖4-7-1 檢視網頁原始碼

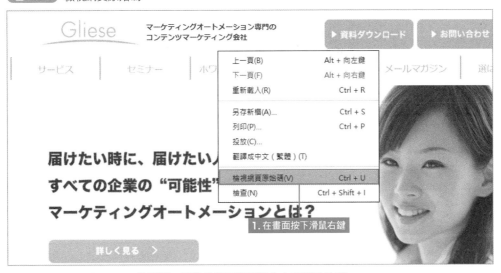

※這是 Google Chrome 的範例。其他的網頁瀏覽器也有類似的功能。

圖4-7-2 HTML 標籤

現在已是即使不熟悉 HTML 標籤，也能利用網頁製作軟體順利建置網站的時代，但是會影響 SEO 策略的標籤還是有必要先了解一下內容，也必須知道相關的語法。

主題標籤與敘述標籤

對 SEO 策略特別重要的標籤就是主題標籤與敘述標籤，於這兩個標籤撰寫的文章於搜尋引擎的搜尋結果頁面顯示。

圖4-7-3 在搜尋結果頁面顯示的內容

MEMO

在搜尋結果顯示的標題的下面內容稱為「片段」。這部分通常會顯示敘述標籤的內容，但有時候會因關鍵字而無法顯示。

在主題標籤、敘述標籤輸入關鍵字

主題標籤可說明該頁面的內容，建議大家寫得簡潔一點，不過要記得植入關鍵字喲。主題標籤的語法是在 <title> 與 </title> 之間插入標題。

敘述標籤則是該頁面的概要說明。建議在撰寫概要時，要在內容植入關鍵字。敘述標籤的語法是 <meta name="Description" content=" ○○○○○○○○○○○○ "/>，○○○○○○○○○○○的部分為中文敘述。

具體範例：名店都使用哪些標籤

讓我們看看戶外用品專賣店「好日山莊」的例子。

好日山莊是銷售「登山用品」、「戶外用品」的專賣店，所以應該會希望以「登山用品」、「戶外用品」登上搜尋結果的第一名才對。

打開頁面的原始碼會發現，不管是主題標籤還是敘述標籤都放了關鍵字。

好日山莊

`<title>`登山用品・アウトドア用品の専門店　好日山莊公式WebShop`</title>`

`<meta name="description" content="`登山用品・アウトドア用品の専門店　好日山莊の公式WebShopのページです。`">`

像這樣在主題標籤或敘述標籤植入該頁面需要的關鍵字，是非常重要的環節。

下列舉出幾個知名網站的主題標籤與敘述標籤，請大家務必參考看看。

愛迪達

`<title>`アディダス オンラインショップ -adidas 公式サイト-`</title>`

`<meta name="description" content="`adidas（アディダス）の公式オンラインショップ。スニーカー、ウェア、スポーツ用品まで幅広い品揃えからお買い物できます。`" />`

KITAMURA相機

`<title>`デジカメ ビデオカメラ プリンター通販 | カメラのキタムラネットショップ`</title>`

`<meta name="Description" content="`日本最大級のカメラ専門店カメラのキタムラのショッピングサイト。デジカメ・デジタルカメラ・ビデオカメラ・プリンター・フォトフレーム・カメラバッグ・インクなどは当サイトにお任せください。`" />`

▌主題標籤的寫法

撰寫主題標籤的時候，需要注意以下六點：

- 放入目標關鍵字
- 加上符合頁面內容的標題
- 使用有別於其他頁面的標題
- 限定在 **30** 字之內
- 優先植入目標關鍵字
- 讓關鍵字放在一起

例）什麼是優先植入目標關鍵字

記得將關鍵字放在主題標籤的前方。下列是以「夏威夷珠寶 挑選方法」這個關鍵字為例。

優先植入關鍵字的範例
夏威夷珠寶的挑選方法○○○○○○○○○○○○○○○○

關鍵字擺在後面的範例
○○○○○○○○○○○○○○○夏威夷珠寶的挑選方法

例）什麼是關鍵字放在一起的標題？

思考 SEO 內容的標題時，記得將關鍵字放在一起。

關鍵字彼此接近的範例
○○○○○○○○○○○○○○○○夏威夷珠寶的挑選方法
夏威夷珠寶的挑選方法○○○○○○○○○○○○○○
○○○○○○○夏威夷珠寶的挑選方法○○○○○○○○

關鍵字離太遠的範例
夏威夷珠寶作家才知道的可愛耳環挑選方法
　　　　　　　離太遠

敘述標籤的寫法

撰寫敘述標籤的時候，必須注意以下五點：

- 一定要放入目標關鍵字
- 寫成符合頁面內容又摻雜關鍵字的敘述
- 寫成與其他頁面不同的內容
- 限縮在 120 個字之內
- 不要只是一堆單字的排列，而是要寫成簡單易懂的內容

敘述就是搜尋結果的說明，許多人都是看了這部分的敘述才決定瀏覽網站，所以要寫的夠吸引人哦！

COLUMN

該使用關鍵字標籤嗎？

有一個與主題標籤、敘述標籤很相似，卻常被討論有無 SEO 效果的標籤，那就是關鍵字標籤。這個標籤的寫法如下。主要是利用逗號間隔該頁面的關鍵字。

【語法範例】
<meta name="keywords" content=" 關鍵字 A, 關鍵字 B, 關鍵字 C">

「Search Console Help」記載了 Google 支援的標籤，其中並未列出關鍵字標籤。雖然關鍵字標籤沒有 SEO 效果，但仍然建議使用，以便標明各頁面的關鍵字。

圖4-7-A 若想知道 Google 支援哪些標籤

https://support.google.com/webmasters/answer/79812

COLUMN

第一次撰寫標籤

即使讀過主題標籤或敘述標籤的撰寫方法，第一次自己動手撰寫，還是會煩惱該怎麼寫吧，此時不妨參考已經擠進搜尋結果前幾名的網站。例如想以「咖啡豆 挑選方法」這個關鍵字撰寫標籤時，不妨先在 Google 搜尋「咖啡豆 挑選方法」，接著瀏覽前十名的網站，看看他們都如何撰寫標籤。

即使讀過主題標籤或敘述標籤的撰寫方法，第一次自己動手撰寫，還是會煩惱該怎麼寫吧，此時不妨參考已經擠進搜尋結果前幾名的網站。例如想以「咖啡豆 挑選方法」這個關鍵字撰寫標籤時，不妨先在 Google 搜尋「咖啡豆 挑選方法」，接著瀏覽前十名的網站，看看他們都如何撰寫標籤。

圖4-7-B　「咖啡豆 挑選方法」的標籤範例

5.コーヒー豆の種類｜AGF®
www.agf.co.jp › ... › コーヒー大事典 › コーヒーができるまで › コーヒー豆AtoZ ▼
AGF®（味の素AGF）のコーヒー大事典。コーヒーの味、香りを生み出すコーヒー豆の秘密を探りま...

コーヒー豆の種類と比較 - コーヒーのおいしい飲み方
www.coffee-black.info/coffee-beans/ ▼
全世界約60ヵ国で生産されているコーヒー。ひとことでコーヒー豆と言っても、現在全世界で栽培されているコーヒー豆の種類は、およそ200種類を超えると言われています。
グァテマラ · キリマンジャロ · マンデリン · エメラルドマウンテン

コーヒー豆の種類と特徴｜コーヒー専門ページ｜ピントル
https://food-drink.pintoru.com › コーヒー専門ページ › コーヒー豆 ▼
様々な味や香り、形状に特徴を持つコーヒー豆。生産地によってそれぞれ個性を持っており、知っておけばコーヒー選びの際に自分好みのコーヒー豆を見つけやすくなることでしょう。ここではそんなコーヒー豆の種類と特徴について紹介します。

從「咖啡豆 挑選方法」的搜尋結果來看，會發現許多標題、敘述都很類似，是要把標題寫成一樣的內容，還是要故意加點變化，都需要花點心思想想。例如「貓 廁所 訓練」的關鍵字從第一名的網站開始，都是很特別的標題。

圖4-7-C　「貓 廁所 訓練」的標籤範例

猫のトイレのしつけ〜猫にとってベストなトイレを発見し、排泄場所を...
www.konekono-heya.com › 猫のしつけ方 ▼
猫にトイレをしつけるのは、犬と比べるとはるかに楽 猫のトイレのしつけは、犬のそれと比べると比較的簡単だと言われています。なぜなら、猫の遺伝子には「砂の上におしっこやうんちをする」という行動様式が刻み込まれており、一度トイレの場所を覚えてしま...

猫のトイレ、どうやってしつけるの？3ステップのしつけ方｜ねこ好き...
猫好き.jp/neko-toile-situke-1776 ▼
2015/06/13 - どうも、管理人のネコ丸です。猫があなたのうちにやって来たら、まず覚えさせたいのがトイレですよね。初めのうちは緊張しておしっこもうんちも出ないかもしれませんが、落ち着いてきたら必ずしたくなります。その・・・
トイレを置く場所は？· トイレのしつけ方3ステップ · 1.トイレサインを見る · 2.トイレに入れる

おしっこのミスで怒っていませんか？｜猫のおしっこ雑学（排泄にまつ...
www.petline.co.jp/note/cat/trivia/miss/ ▼
急におしっこのミスをしたら、泌尿器系の病気を疑って！トイレのしつけは完璧！と思っていたのに、突然、トイレ以外の場所でおしっこをしてしまうことがあります。そんなときは猫ちゃんのせいとすぐ怒らないで、どうしてそのような行動をとったのかを考えてみま...

不同的關鍵字會導致標題的內容相似或不相似，所以請以各種關鍵字搜尋看看，再進行更深入的研究。

Lesson
4-8

撰寫內容的時候，一定要設定

了解主題標籤的構造與撰寫方法

與主題標籤、敘述標籤一樣重要的是代表大標題 h1 標籤。主題標籤分成 h1 至 h6 這 6 種，讓我們一起學習這些標籤的用法吧。

> 撰寫文章時，通常會加上數個小標題，此時可以只是把文字放大嗎？

> 標題對 SEO 策略是非常重要的一部分，所以有專用的標籤可以使用喲。利用這些標籤標記標題，就能告訴 Google 的機器人「這裡是標題，標題使用了這個字眼喲」的訊息。

標題標籤（h1 ～ h6）的構造

與各頁面標題對應的是標題標籤（h1 ～ h6）。

標題標籤共有 <h1> ～ <h6> 這幾種，數字越小，標題越大，越大的標題，在 SEO 策略的重要性就越高。標題標籤的定位可參考下一頁的**圖 4-8-1**。

為了方便閱讀，大標通常會放大、加粗，依序縮小為中標、小標，就會使用小的字型標記。

標題標籤的使用順序

有邏輯地使用 h1 ～ h6 標籤對 SEO 策略的執行是非常重要的，**善用標題標籤可讓文章的邏輯架構更明確**。

標題標籤請依照「h1 → h2 → h3 → h4 → h5 → h6」的順序撰寫，千萬不要在 <h2> 的上面使用 <h3>。

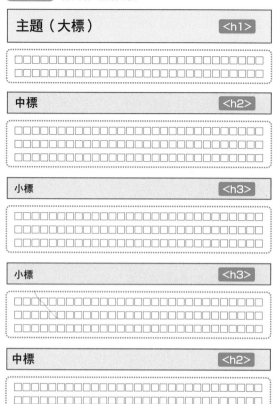
圖4-8-1 標題標籤的定位

主題（大標） `<h1>`

中標 `<h2>`

小標 `<h3>`

小標 `<h3>`

中標 `<h2>`

- h1：大標
- h2：中標
- h3：小標
- h4：h3 底下的標題
- h5：h4 底下的標題
- h6：h5 底下的標題

每個頁面只有一個大標的「h1 標籤」，其餘的 h2 ～ h6 則可重複使用。

大標（h1）的撰寫方式

- 大標（h1）一定要放入目標關鍵字
- 每個頁面只能有一個大標（h1）標籤
- 依照頁面內容寫出簡潔有力的大標

撰寫範例

<h1>員工旅行去了一趟島根縣</h1>

<h2>第一天：出雲大社～玉造溫泉</h2>

圖4-8-2 標題標籤的範例

以 h1 標籤標記的標題

以 h2 標籤標記的標題

COLUMN

alt 標籤有利於 SEO 策略嗎？

alt 標籤可在網站顯示圖片時，說明該圖片的用意，通常會與圖片的標籤放在一起，列出該圖片的具體說明。

【撰寫範例】

<img src="boy.jpg" alt=" 踢足球的少年 ">

<img src="tokyo-station.jpg" alt=" 東京車站的外觀 ">

不知道是不是因為 alt 標籤從以前就被認為具有 SEO 的效果，所以曾有人提倡將關鍵字寫在 alt 標籤裡，但其實一點效果也沒有。那 alt 標籤的用途到底是什麼？

alt 標籤是圖片的替代文字。當瀏覽器打開網站，無法正確顯示圖片時，就會顯示以 alt 標籤設定的替代內容。利用語音朗讀軟體朗讀網站時，遇到圖片的部分會改成朗讀 alt 標籤的內容。雖然 alt 標籤與 SEO 策略沒什麼關係，但也不該忽略 alt 標籤，建議還是替每張圖片撰寫說明。

利用 SEO 招來顧客就滿足了嗎？

讓顧客進一步購買的
內容撰寫方法①

學習 SEO 知識越久，越會執著於「招攬顧客」，也常有人因為搜尋結果的排名上下而忽喜忽憂。請大家先記住「招攬顧客」→「購買」→「再次購買」的流程。招攬客人不過是讓訪客來到網站，要提升業績還必須連同之後的「購買」與「再次購買」的部分也列入考慮。

我在首次瀏覽的網站試買了營養補給品。

又大手筆的花錢了啊（笑）

最近睡不好，調查了一下睡眠不足的原因，然後看到這個網站說得很清楚，看著看著就不小心買了！我確切地感受到文字的力量了啊！

之前提過不少「招攬客人」、「SEO」的話題，差不多該開始聊聊讓顧客購買的內容了。

以「招攬客人→購買→再次購買」的流程提升業績

在網路做生意，最重要的第一步就是「招攬客人」，「不管網站做得多精美，沒有使用者來訪，一切都是枉然」，本書已在「Lesson 1-1 SEO 到底是什麼？」➡ P.10 提過這點。

不過，光是招攬顧客就夠了嗎？要提升業績，就必須連同下列的三個步驟一併考慮。

圖4-9-1　讓業績最大化的三個步驟

① 招攬客人　　➡　② 購買　　➡　③ 再次購買

① 招攬客人

增加造訪網站的使用者。只要 SEO 策略執行得宜，造訪人數就會慢慢上升。假設單憑 SEO 策略得花很多時間才能擠進前幾名，不妨搭配列表廣告 ➡ P.32，強化招攬顧客的力道。

② 購買

顧客來到網站若不消費，業績也不會增加，所以**招攬客人的下一步就是購買**。就算無法真的讓顧客花錢，也要請顧客使用「問題諮詢」、「下載資料」、「訂閱電子報」、「註冊會員」這類「強化下一步」的活動。

③ 再次購買

如果有某位顧客購買，就應該計劃讓這位顧客**購買第二、三次**。如果是化妝品、健康食品這類定期需要的商品，最好能引導顧客定期購買。

利用 SEO 策略招攬顧客固然重要，但也得時時記得讓顧客願意消費或再次消費。

接著要說明提升轉換率的內容製作方法。

▌能促購的內容需要哪些元素？

Lesson 4-4 到 Lesson 4-6 已說明如何撰寫帶有關鍵字的標題，建立文章的骨架，也說明怎麼樣的內容才有利於「SEO 策略」。留意這些細節的確能做出優質內容，但這部分卻沒提及購買這個部分。

依照上述的流程製作內容之後，要怎麼讓顧客掏錢買東西呢？

方法之一就是在**內容的最後植入「購買」按鈕**（圖 4-9-2）。

除了購買按鈕之外，也可以置入其他各種按鈕。絕對不能讓好不容易造訪網站的顧客，什麼都沒做就離開網站！一定要利用一些設計讓顧客做了某些事再離開。

圖4-9-2 在內容的結尾處置入購買按鈕

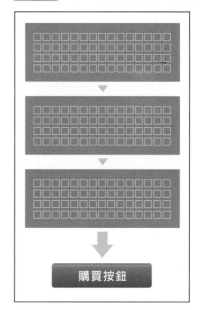

圖4-9-3 引導下一步動作的按鈕範例

挑選讓顧客採取行動的「按鈕」

製作讓顧客採取下一步行動的內容時,在結尾處配置「按鈕」是非常重要的關鍵,而按鈕的種類會隨著商品與服務而有所不同。

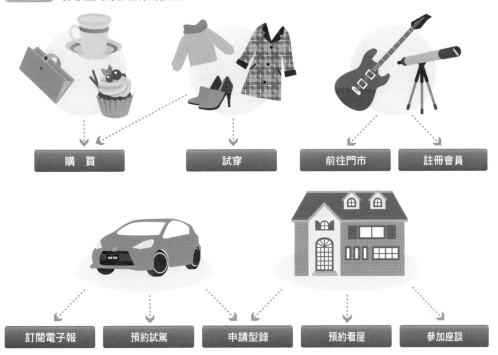

圖4-9-4 引導至與內容相符的按鈕

| 購　買 | 試穿 | 前往門市 | 註冊會員 |

| 訂閱電子報 | 預約試駕 | 申請型錄 | 預約看屋 | 參加座談 |

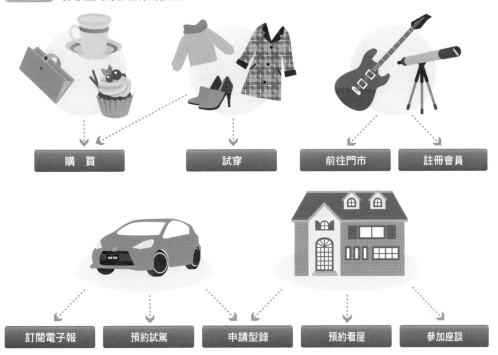

以商品或雜貨這類「衝動性消費」的平價商品為例,只要配置「購買」按鈕,顧客就很可能願意購買。

房子、汽車這類高單價商品又該怎麼做?

這類高單價商品實在不可能在網站按下「購買」按鈕購買,此時該配置的是「預約看屋」、「預約試駕」、「參加座談」的按鈕。

重點在於配置顧客能順手點選、門檻不高的按鈕。建議先想想顧客的心情,再思考「哪些是顧客願意點選的按鈕」。

撰寫顧客願意看到最後的文章

要撰寫顧客會動心購買的內容，就必須撰寫顧客願意看到最後的文章。這比寫一般的文章更加困難，而且有些內容很難寫得跟按鈕有關聯性。

製作新內容的時候，建議先建立骨架再寫文章。

例如希望顧客點選「申請免費座談」按鈕時，必須仔細思考什麼樣的說明，才會讓顧客願意看到最後（**圖4-9-5**）。

圖4-9-5 從按鈕思考架構

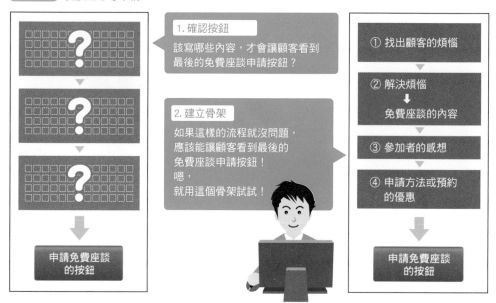

這個階段該思考的是骨架，還不可以開始寫文章。必須先想清楚大致的流程與每個組成的部分。

讓顧客採取行動的骨架範例

骨架可利用下列的步驟建立。

❶ 利用四個區塊組成骨架。在第一個區塊列出顧客的煩惱與課題，試著詢問顧客「你有這樣的煩惱嗎？」

❷ 第二個區塊則是告知顧客，網站提供能解決煩惱的免費座談，並且詳細說明座談的內容。

❸ 第三個區塊則列出過去參加者的感想，以「過去的參加者都很滿意」或「可安心參加」為訴求。

❹ 第四個區塊是擺在按鈕之前的區塊，所以要把申請方法說清楚，也要明顯列出預約的優惠，讓顧客更加心動。

如果採用這個骨架，應該就能讓顧客看到最後的「申請免費座談」的按鈕。之後只要寫好每個區塊的文章即可。

COLUMN

文章該寫幾個字才適當？

若希望寫出 Google 認可的文章，字數應該多長才好？過去有人認為五百個字或一千個字以上比較好，但現在字多字少已無任何影響。

即使只有五百個字，只要是夠具體、夠原創的文章，就能得到 Google 的認同，有時候則是需要寫到三千字或六千字的字數。

重點仍然是內容的品質。

不過有一點要注意，五百字的文章可能無法談得太深入，但六千個字的文章則有可能離題，而且讀者也會覺得「很冗長」。

一般認為，二千～三千個字應該是合宜的字數。

利用按鈕的位置增添變化！

讓顧客進一步購買的
內容撰寫方法②

這裡要接著前一課的內容，介紹調整「購買按鈕」的位置增添變化的方法。
購買按鈕的位置不一定只能在內容的最後，也有在內文配置多個購買按鈕的
例子。讓我們一起想想看，如果無法在內文配置「按鈕」，又該怎麼應變。

> 我每天都寫部落格，但只寫了自己想寫的內容，所以一定要試著寫出讓顧客採取下一步的內容！

> 現在的部落格讀者都是「讀完後，覺得很棒，說聲謝謝就走人」的類型，所以非得促使他們採取下一步動作才行。

基本：在內容的最後配置「按鈕」

在請顧客採取下一步的按鈕之中，最具代表性的就是「購買按鈕」。前一課也另外介紹了「註冊會員」、「申請講座」、「申請資料」、「提出問題」這類按鈕。由於是基本的模式，讓我們以其他的範例介紹。

圖 4-10-1 的左圖是常見的內容編排方式，也將「申請資料」按鈕置於內容的最後。右圖則是用於示範的骨架。標題是「第一台智慧型手機！安全性對策的重點是？」內文分成三大重點的區塊，具體介紹三個「安全性對策的重點」，引導讀者看到擺在最後的「若需詳細資料，請點選這裡下載」的按鈕。

這種編排能讓讀者自然而然看到最後的按鈕，所以只要在每個區塊填入適當的內容，文章就完成了。

這個範例算是促銷文章的基本構造，也是將**按鈕配置在最後**的模式，還請大家先記下來喲。

圖4-10-1 捲動到內容的結尾處

圖4-10-1 捲動到內容的結尾處

左圖：
主題（大標）
□□□□□□□□□□□□□□□□
□□□□□□□□□□□□□□□□
小標 ①
□□□□□□□□□□□□□□□□
□□□□□□□□□□□□□□□□
小標 ②
□□□□□□□□□□□□□□□□
□□□□□□□□□□□□□□□□
小標 ③
□□□□□□□□□□□□□□□□
□□□□□□□□□□□□□□□□
小標（總結）
申請資料

讓讀者讀到最後並且採取行動

右圖：
第一台智慧型手機！
安全性對策的重點是？
重點 ① 注意●●●
□□□□□□□□□□□□□□□□
□□□□□□□□□□□□□□□□
重點 ② 注意●●●
□□□□□□□□□□□□□□□□
□□□□□□□□□□□□□□□□
重點 ③ 注意●●●
□□□□□□□□□□□□□□□□
□□□□□□□□□□□□□□□□
剩下的七個重點請下載資料！
申請資料

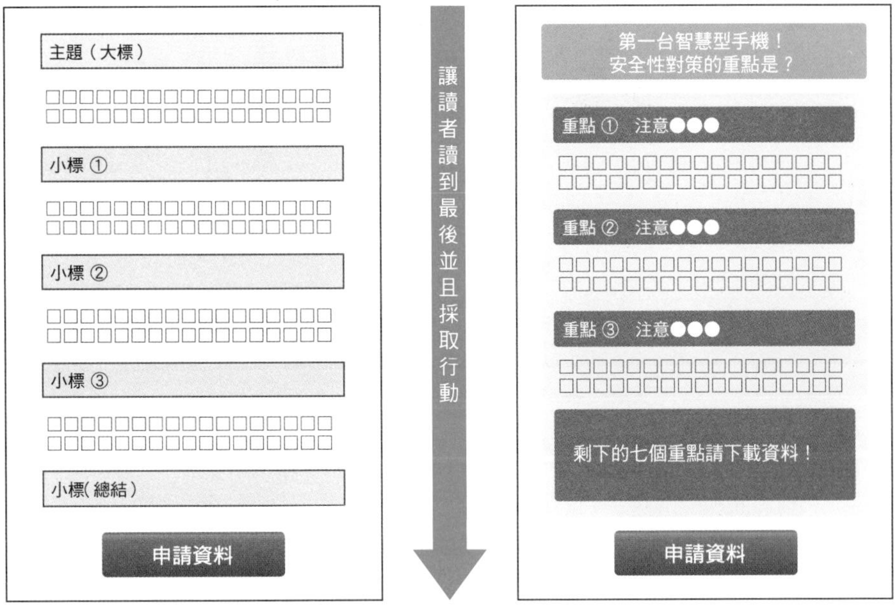

在內文配置多個「按鈕」①

接著介紹在單一內容配置多個按鈕的模式。

圖4-10-2 在內容之中配置多個按鈕

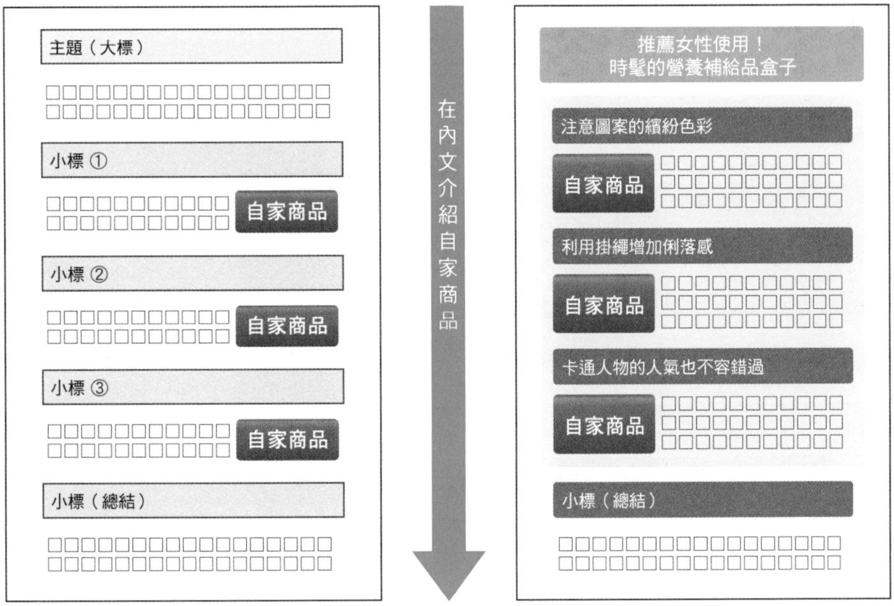

左圖：
主題（大標）
□□□□□□□□□□□□□□□□
□□□□□□□□□□□□□□□□
小標 ①
□□□□□□□□□□□□□□ 自家商品
□□□□□□□□□□□□□□
小標 ②
□□□□□□□□□□□□□□ 自家商品
□□□□□□□□□□□□□□
小標 ③
□□□□□□□□□□□□□□ 自家商品
□□□□□□□□□□□□□□
小標（總結）
□□□□□□□□□□□□□□□□
□□□□□□□□□□□□□□□□

在內文介紹自家商品

右圖：
推薦女性使用！
時髦的營養補給品盒子
注意圖案的繽紛色彩
自家商品 □□□□□□□□□□□
□□□□□□□□□□□
利用掛繩增加俐落感
自家商品 □□□□□□□□□□□
□□□□□□□□□□□
卡通人物的人氣也不容錯過
自家商品 □□□□□□□□□□□
□□□□□□□□□□□
小標（總結）
□□□□□□□□□□□□□□□□
□□□□□□□□□□□□□□□□

這個範例的主題是「推薦女性使用！時髦的營養補給品盒子」。內文則是依序介紹三種適合女性使用又很時髦的營養補給品盒子。

這三種類型分別是圖案、掛繩與卡通人物，而這就是一邊具體說明這三種類型，一邊張貼「要看實際商品請點選這裡」的連結，引導讀者前往商品頁面的模式。如果顧客覺得「有圖案比較好」，就有可能點選按鈕，前往以圖案為賣點的商品頁面，當然也就很有可能會購買。

在內文配置多個「按鈕」②

讓我們再看一種在內文配置多個「按鈕」的模式吧！

圖4-10-3 在內文促銷的模式

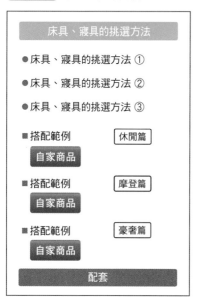

在**圖4-10-3**之中，左側是「床具、寢具的挑選方法」這個標題的內容，大致分成六大區塊。前三個區塊介紹了三個挑選重點，而且沒配置任何「按鈕」。後三個區塊介紹了三種搭配範例，也順勢介紹床具與寢具（棉被、被套、枕頭這類寢具），如果顧客覺得「好像不錯」、「很想買」，就能點選按鈕前往商品頁面。這就是被前半段的「床具、寢具的挑選方法」說服，進而閱讀下面搭配範例的顧客。這比只有搭配範例還更具說服力，顧客也更容易購買。

右側是食譜的範例。材料、道具、製作方法這類食譜的下方配置了兩種按鈕。這是可「統一購買書中所有材料」與「統一購買書中所有廚房道具」的按鈕。如果顧客看了食譜也想試做看看，就有可能點選這兩個按鈕。

在內容的旁邊配置「按鈕」

有時候的確無法在內文配置按鈕，例如為了執行 SEO 策略，而找出很多關鍵字，然後依照關鍵字撰寫內容，就常常無法在內容配置按鈕。此時不一定要把按鈕塞進內容，可試著將「按鈕」放在內容的周邊。

圖4-10-4 在內容的旁邊配置「按鈕」

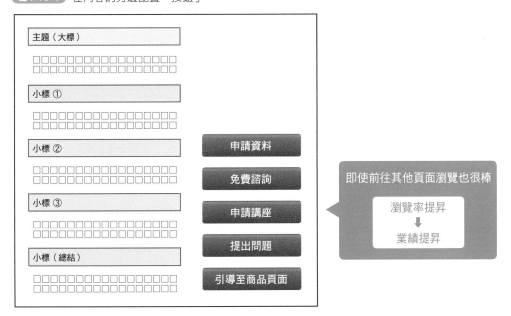

請多準備幾種「按鈕」。讓顧客多看幾個頁面就能提升瀏覽率，提升瀏覽率也等於提升業績。

Chapter 5

收集優質連結的方法
～連結對策篇～

連結在 SEO 策略之中是非常重要的部分，

但如果誤信過去的 SEO 策略，購買了沒有

意義、價值的連結，反而會弄巧成拙。

連結是與外部的關係，有時候無法只靠自己

修復。請掌握正確的知識，以免在連結對策

上跌一跤。

外部連結與內部連結

連結的英文是「link」有「相連」、「串連」、「連線」的意思，在網路世界裡，從某個檔案跳到另一個檔案的連結稱為「超連結」（hyperlink），而「連結」則是「超連結」最常見的簡稱。到底連結與 SEO 策略有什麼關聯性呢？

我有聽過「張貼連結可以提升搜尋結果的排名」，這是真的嗎？

執行 SEO 策略時，最好不要滿腦子都是「執行○○，搜尋結果的排名就會上升」的想法，而是要想著「做了○○，才能幫助使用者」，順位自然而然就會跟著提升。

這意思是「站在使用者的角度，張貼每一個連結」的意思囉？

外部連結與內部連結

連結分成很多種，這裡先從外部連結與內部連結說明。從自家網站的某個頁面連往外部網站的特定網站稱為「外部連結」，從自家網站的網頁跳到自家網站的另一張網頁稱為「內部連結」。

不管是外部連結還是內部連結，都是指引使用者找到資訊的「路標」，**只有能將使用者引導到最佳位置的連結才算是正確的連結。**

只有正確張貼連結的網站，**Google** 的機器人才能更流暢地遊覽整個網站。

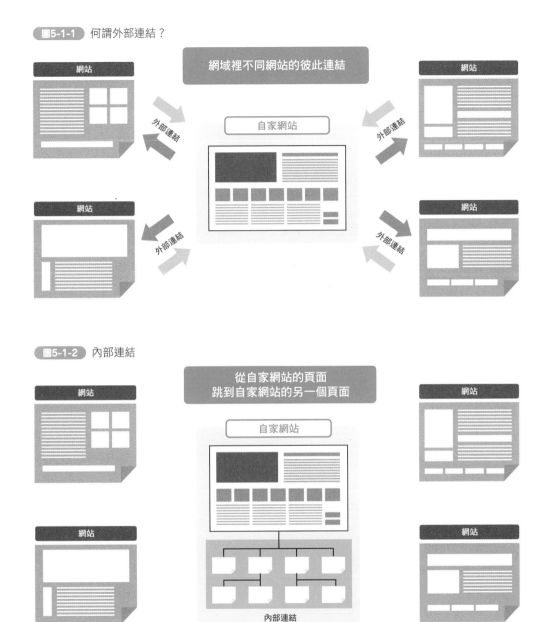

圖5-1-1 何謂外部連結?

網域裡不同網站的彼此連結

自家網站

外部連結

外部連結

外部連結

外部連結

網站

網站

網站

網站

圖5-1-2 內部連結

從自家網站的頁面
跳到自家網站的另一個頁面

自家網站

網站

網站

網站

網站

內部連結

利用外部連結喚來 Google 的網路爬蟲

Google 的網路爬蟲三百六十五天、二十四小時,都在巡迴全世界的網站,搜尋各網站的資訊。

網路爬蟲在搜尋我們網站的資訊後，會利用 Google 資料庫的索引替網站排名，所以網路爬蟲的第一次造訪可說是意義非凡。

Google 的網路爬蟲是透過連結巡迴網站，所以利用連結與其他網站競爭，可說是非常重要的事，尤其當連結是來自已被製作索引的網站更是有效。

 網路爬蟲是透過連結巡迴

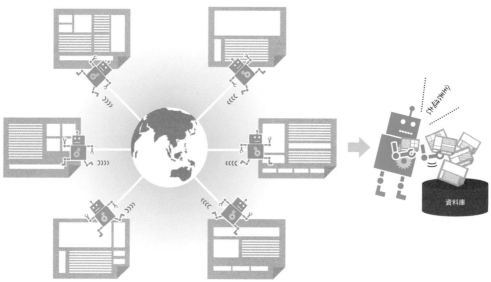

即使沒有外部連結，只要使用 Google Search Console 就能早一步請 Google 的網路爬蟲造訪網站。詳情請參考「Lesson 3-8 製作網站地圖與通知 Google」➡ P.111 的說明。

利用內部連結提升瀏覽率

內部連結是為了將使用者從自家網站的網頁引導至另一張網頁的連結，比方說可先在首頁張貼許多將使用者引導到服務資訊、商品資訊、公司概要、諮詢表單、實例介紹這類第二層、第三層頁面的連結。

適當地張貼連結，**可提升使用者的瀏覽率**，延長在自家網站停留的時間。

一如使用者會依序點選連結，Google 的網路爬蟲也會進入內部連結。一般來說，網路爬蟲會依照遊覽的路線替每個頁面製作索引，所以務必適當地張貼內部連結。

Lesson 5-2

連結至上主義已成過去式？

反向連結與正向連結

自家網站與外部網站之間的「外部連結」還可依照連結方向分成反向連結與正向連結。過去有段時期認為「反向連結具有絕佳的 SEO 效果」，但這已經是過去式，以下要為大家正確獲得反向連結的方法。

前幾天我跟暗戀的對象告白了，比起被愛，我更喜歡愛人，只可惜被輕描淡寫地拒絕了（淚）

從 SEO 的角度來看，愛與被愛與正向連結、反向連結的觀念很像耶（笑），告白就是正向連結。

我也差不多想要反向連結了～

反向連結與正向連結

反向連結就是外部網站連往自家網站的連結。

圖5-2-1 何謂反向連結？

正向連結就是從自家網站連往外部網站的連結。

圖5-2-2 何謂正向連結？

前一課雖然已經説明外部連結、內部連結、反向連結與正向連結，但不管什麼連結，功能都是告知使用者想知道的內容。

如果張貼的連結與使用者有興趣的事情無關，只會造成使用者的困擾。請大家務必牢牢記住「**連結是將使用者引導到正確位置的機制**」這件事。

連結至上主義的 SEO 時代已成過去

如今已採用人工智慧的 Google 是透過各種條件與複雜的演算法計算搜尋結果的排名。但過去的 Google（演算法）很單純，其中一個弱點就是可利用反向連結替網站加分。

簡單來説，過去的 Google 認為反向連結是「一種給予好評的行為」，被張貼反向連結的網站等於得到外部網站的好評，也一定是「優質網站」，所以在過去，反向連結是決定搜尋結果排名的指標之一。

圖5-2-3 什麼是反向連結至上主義？

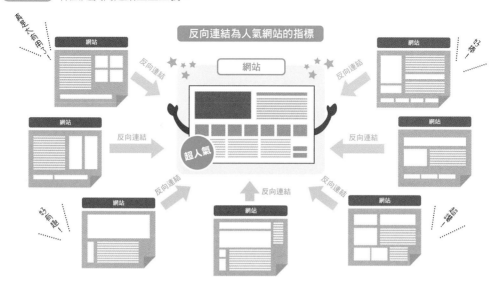

圖5-2-4 陷入反向連結至上主義的陷阱之後…

▋不斷增生的惡質連結 vs. Google

一旦知道「反向連結較多的網站就比較容易進入搜尋結果的前段班」，就出現許多製作大量的網站與部落格，並在這些網站與部落格張貼自家網站連結的例子，但一切不過是一場自導自演的戲。而且還出現許多銷售連結的業者。甚至出現「我可為貴公司的網站張貼連結，幾個連結只要幾元」這種兜售連結的生意。

這對 Google 而言，是攸關生死的問題。若是只看連結的多寡來決定網站的排名，那麼使用者一定會覺得「Google 是沒用的搜尋引擎」。

所以 Google 不斷改良演算法，也對這些惡質連結處以重罰，而這就是企鵝演算法更新 ➡ P.23。

企鵝演算法更新是取締上述惡質連結、購買連結的演算法，也讓那些只有反向連結的網站無法擠進搜尋結果的前段班，更對無意義、自導自演的連結施以重罰，也大幅調降這些網站的排名。

只憑連結就能搶到搜尋結果前幾名的時代也總算因此落幕。連結至上主義已是過去式，只在 SEO 的歷史留下淡淡的痕跡。

COLUMN

沒那麼容易拿掉！麻煩的反向連結

過去的 SEO 策略可說是以「反向連結爭取排名的手段為主流」。比起認真製作優質內容的「內容 SEO 策略」，反向連結的 SEO 策略要簡單得多，所以也有業者會到處兜售幾百個、幾千個連結。

反向連結的麻煩之處在於「沒那麼容易拿掉」。

大家是否聽過下列這些煩惱。

- 拜託連結銷售業者「拿掉連結」，卻遲遲不拿掉
- 沒過多久，就無法與業者取得聯繫
- 寫信給原始連結的網站的經營者，卻已是停用的電子信箱

一旦事情演變成這樣，連結就再也拿不掉了。「無意義的連結」會一直留在原地，也很可能無法停止 Google 的懲罰。所以有企業被迫放棄長期使用的網域，另購新網域與重建網站。

請大家務必小心反向連結。

Lesson 5-3

如何妥善運用反向連結

零失敗的連結對策！
遵守兩個條件吧！

不管對象是使用者還是 Google 的網路爬蟲，連結都扮演指引路徑的角色，只為 SEO 策略（而且是過去的 SEO 對策）而製造的無意義連結、無關聯性連結，對使用者與 Google 網路爬蟲都毫無意義。一起看看零失敗的連結對策應該遵守哪些條件吧！

我已經知道「內容 SEO 才是 SEO 策略的王道」，但連結已經無法幫助我們執行 SEO 策略了嗎？

答案是 NO 啊。連結的效果依舊很高。

那麼該收集哪些連結才對呢？

何謂優質連結？

我們會在什麼時候張貼連結呢？

比方説：

- 覺得該頁面很實用的時候
- 想要告訴別人，讓別人知道的時候
- 覺得很感動的時候

我們大概會在這時候張貼連結。這代表這個連結一定有優質的內容。所謂優質連結就是有「優質內容」的連結。

圖5-3-1 優質連結

因為有優質內容，才被人張貼的連結

優質連結的兩個條件

接下來是猜謎。請問在下列的 A ～ C 之中，哪個是優質連結呢？

A 目前正在經營寵物用品專賣的商務網站。自行建置多個部落格，並在這些部落格張貼連往該網站的連結。

B 目前正在經營寵物用品專賣的商務網站。希望收集很多連結，所以付費給銷售業者，請業者幫忙張貼連往網站的連結。

C 目前正在經營寵物用品專賣的商務網站。全國的寵物專賣店幫忙張貼「本店有銷售這裡的商品」、「這裡的商品非常值得推薦」的連結。買寵物飼料的主人也幫忙張貼「這家的食物，我家的狗狗超愛」的連結。

優質連結當然是 C 吧。連結不是越多越好，**品質才是關鍵**。優質連結的條件有下列兩種。

- 優質連結的條件①連結來源的內容很優質
- 優質連結的條件②連結來源與連結位置有關聯性

圖5-3-2 優質連結的條件①

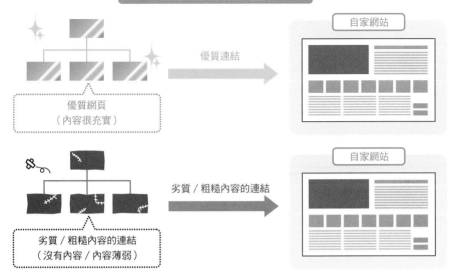

連結來源的內容很優質

優質網頁
（內容很充實）

優質連結

自家網站

劣質 / 粗糙內容的連結

劣質 / 粗糙內容的連結
（沒有內容 / 內容薄弱）

自家網站

圖5-3-3 優質連結的條件②

連結來源與連結位置有關聯性

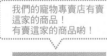

我們的寵物專賣店有賣
這家的商品！
有賣這家的商品喲！

反向連結

寵物用品專賣商務網站

這裡的商品很棒喲！

反向連結

我家的狗狗很愛
這裡的食物

反向連結

這裡的商務網站
有熟悉熱帶魚的員工喲！

反向連結

劣質連結與優質連結站正好相反，是「連結來源的內容很糟糕」、「連結來源與連結位置沒有關聯性」的連結。

以寵物用品專賣網站而言，能有寵物相關的網站幫忙張貼連結，可說是非常有利於 SEO 策略的推動。如果是與寵物無關的網站（例如汽車、不動產、教育……）張貼連結，這種連結就沒什麼價值可言。

在網路搜尋資訊的使用者希望**從茫茫網海之中，快速找到需要的資訊**。無相關性的連結只會造成使用者迷惘與混亂。

為了讓使用者舒適地使用網路，就必須建立**相關性較高的連結**。

圖5-3-4 相關性較高的連結很實用

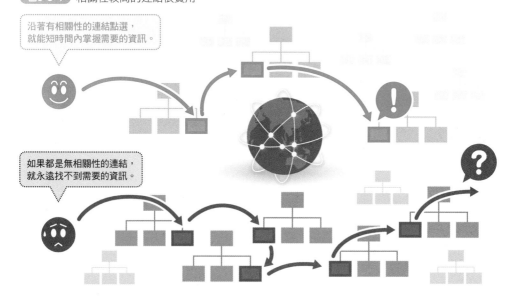

Lesson 5-4 增加自然連結

優質連結的具體實例

接著為大家介紹一些優質連結的具體實例。雖然沒點明網站的名稱，但都是敝公司的客戶，也都是製作「優質內容」，然後得到使用者喜愛，最後使用者幫忙張貼的連結。這種連結又稱為自然連結。

有人幫忙張貼連結，真的是很難得的事耶，因為很少人這麼佛心。

的確，所以每天為顧客用心製作實用的內容是非常重要的事喲。

網站經營者都是以不同的方式努力著吧！

來自 Q&A 網站的連結

某個商務網站每天都為顧客製作實用的內容，其中包含回答「這時候該怎麼辦？」這類問題的內容，也有顧客常見問題的說明，而且經營者非常專業，總是提供其他網站查不到的內容。

所謂優質又簡單易懂的內容就是使用者在「Yahoo! 知識＋」這類 **Q&A 網站回答問題時，為了讓發問者知道「這裡有更詳盡的說明喲」，而幫忙張貼的連結**。除了「Yahoo! 知識＋」之外，能從各處網站獲得連結的優質內容，也能獲得來自國會圖書館這類網站的連結。

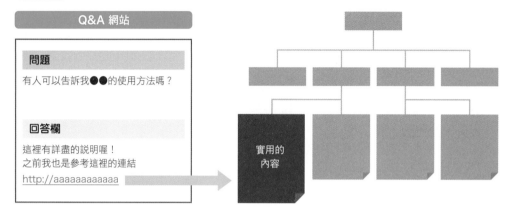

圖5-4-1 來自 Q&A 網站的反向連結

熱門話題登上新聞版面

某間從事教育、育兒的企業網站常製作教育新聞、育兒專欄、名人採訪這類內容，而且更新頻率很快，也都是原創的內容，所以許多正在育兒的父母親都很喜歡他們的內容。

某天，寫了熱門話題的內容登上「Yahoo! 新聞」的版面。能讓日本最大入口網站的「Yahoo! 新聞」張貼連結雖然很棒，卻也因為**效果實在太強**而應付不太過來。

圖5-4-2 來自知名入口網站的反向連結

來自採訪企業的反向連結

某間企業建置了介紹新技術的網站，部分的網站內容是採訪企業的報導，因此受採訪的企業則以「被○○○採訪了」的方式張貼了反向連結。

採訪報導是其他網站讀不到的原創內容，是非常具體又臨場感十足的報導，所以想要製作「顧客覺得有用的內容」，請積極製作採訪報導這類內容。

圖5-4-3 來自採訪企業的反向連結

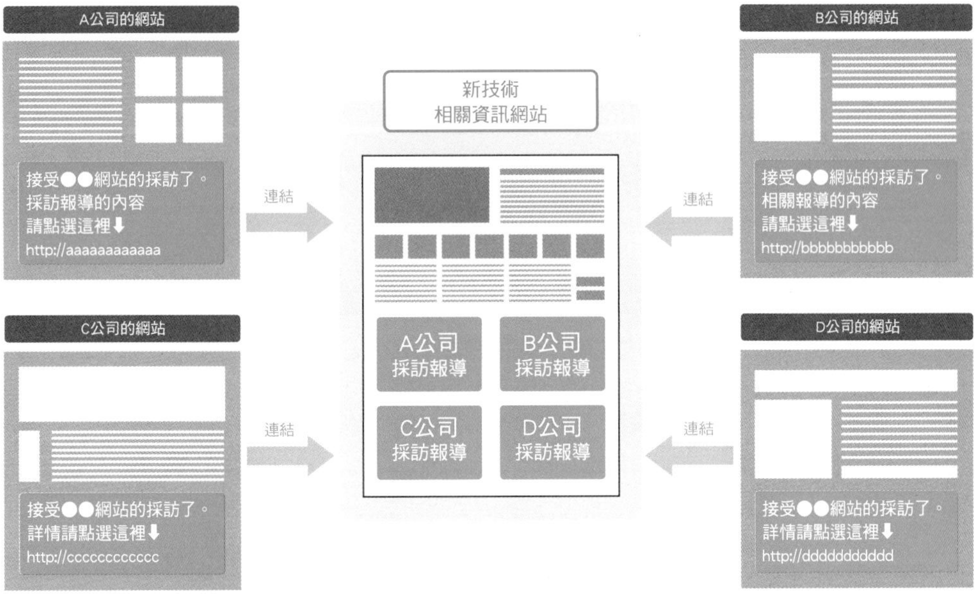

打造學生增加，反向連結就跟著增加的機制

某個空中教育網站對學生發行「畢業橫幅」。學生會在自家網站張貼從「○○課程畢業了」的橫幅，也會張貼連往該空中教育網站的連結。這就是學生增加，**反向連結跟著增加的機制**。

雖然機制很簡單，但因為課程內容很棒，學生也願意在自家網站張貼橫幅與連結，對學生來說，張貼橫幅不過是「順手之勞」，這也是覺得「還好有去上課」、「真是實用的課程」才會願意幫忙張貼。

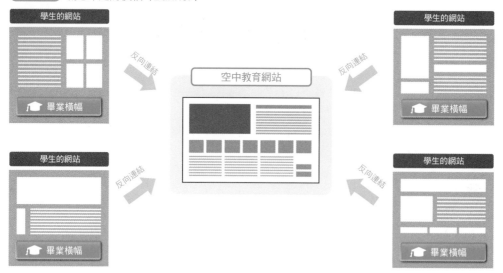

圖5-4-4 創意十足的橫幅（Banner）

MEMO ///

利用 Search Console 確認反向連結

可利用 Search Console 確認有多少反向連結。詳情請參考 Lesson 7-2 經營網站
的必需品「Google Search Console」➡ P.236。

連結	⬇ 匯出外部連結
熱門連結網站 ⑦	
pixnet.net	3,690
gotop.com.tw	1,367
pcstore.com.tw	596
easylife.tw	435
softwareking.tw	98
	更多 ﹥

Lesson 5-5

有利於 SEO 策略的連結該怎麼寫？

正確配置錨點文字

設定連結的標籤稱為錨點標籤。我們不需要記住所有的 HTML 標籤，但還是要稍微記住與 SEO 策略有關的標籤。讓我們一起學會錨點文字的撰寫方法，進一步了解定義連結的錨點標籤吧！

常在連結的位置看到「詳情請點選這裡」這種文字，讓人覺得很不親切耶。

這樣嗎？如果人類覺得不親切，Google 的網路爬蟲也會覺得不親切唷。

連結文字的寫法有分好壞嗎？

定義連結設定的錨點標籤與錨點文字

讓我們一起設定內部連結，為使用者打造流暢的瀏覽路線吧。連結可利用錨點標籤設置。錨點標籤也稱為 <a> 標籤，語法如下：

```
<a href="URL"> 錨點文字 </a>
```

「URL」的位置可填寫網頁的 URL。「錨點文字」的位置就是連結的文字。

比方說，連往 Gliese 官方網頁的連結如下。

```
<a href=" http://gliese.co.jp/">Gliese 官方網站 </a>
```

如此一來，「Gliese 官方網站」的整個字串都可以點選。可點選的字串也通常會套用底線樣式。

有利於 SEO 策略的錨點文字

請大家看看下列（a）、（b）、（c）的例句。這三個都是連往 FUKUDA 商店的連結。套用底線樣式的部分都是可以點選的部分，只要一點選，就能連往 FUKUDA 商店的網站。

雖然都是連往同一個位置設定，但大家覺得哪個才是有利於 SEO 策略的寫法呢？

購買請點這裡→ http://fukudashop.com
購買請點這裡！
購買請前往咖啡豆專賣店 FUKUDA 商店

錨點標籤與錨點文字的內容如下。

(a) 購買請點這裡→ <a href="http://fukudashop.com"> http://fukudashop.com </a>
(b) 購買請 <a href="http://fukudashop.com">點這裡！ </a>
(c) 購買請 <a href="http://fukudashop.com">前往咖啡豆專賣店 FUKUDA 商店 </a>

有利於 SEO 策略的寫法是（c）。（c）的寫法可讓人想像點選後會前往何處，所以使用者也能放心點選。撰寫錨點文字的時候，請使用能讓使用者一看就懂的寫法，這對 Google 的網路爬蟲也會是簡單易懂的內容。

有利於 SEO 策略的錨點文字可遵守下列的方式撰寫。

- 一看就知道連結位置的內容
- 在字串裡插入關鍵字

在錨點文字插入關鍵字，可提升網站的可爬性。

有利於 SEO 策略的橫幅

設定連結的時候，常常會製作橫幅。橫幅的優點
在於比文字更吸晴，但有些橫幅太像一般的設計，
反而會讓使用者不知道可以點選，所以請在橫幅
下面加上文字連結，提升連結的點選率，這也可
以讓內含關鍵字的文字連結增加。

圖5-5-A 在圖片下方撰寫文字

橫幅

前往咖啡豆專賣店FUKUDA商店

確認外部的錨點文字

使用 Google Search Console 可以確認外部網站以哪種錨點文字張貼反向連結。（詳情請
參考 Lesson 7-2 ➡ P.236）。

❶ 在左側選單點選「連結」。

❷ 在連結報表的下方，會有「熱門連結文字」的資訊，點選「更多」，就會顯示錨點文字。

圖5-5-1 在圖片下方加註文字

圖5-5-2 確認外部連結的錨點文字

若有外部網站幫忙張貼連結，可以此方法確認是以哪種錨點文字張貼。

Lesson 5-6

大家都在使用的社群網站有效果嗎？

來自 Facebook 或 Twitter 的連結有效果嗎？

不管是 Facebook、Twitter、Instagram 還是 Google+，目前有許多非常流行的社群網站，有時候也會把連往部落格的連結貼在 Facebook 或 Twitter。這種貼在社群網站的連結有助於 SEO 策略的執行嗎？

我每天都會看 Facebook 耶，雖然都是寫一些日常瑣事，但有時候會貼連往自己網站的連結。

這樣有助於 SEO 策略嗎？

的確，來自 Facebook 的連結與反向連結有些不一樣呢……

沒有直接的 SEO 效果

從自己的網站來看，來自 Facebook 或 Twitter 的確是反向連結，但仔細觀察就會發現，這樣的連結有「**nofollow 標籤**」。「nofollow」是告訴 Google「不要來這個頁面的連結」的意思。

換言之，不管來自 Facebook 或 Twitter 的連結有多麼優質或自然，都不太會有成為「連結」的 SEO 效果。那麼，來自 Facebook 或 Twitter 的連結就毫無意義了嗎？

社群網站的擴散效果值得期待

Facebook 或 Twitter 的擴散效果是值得期待的。優質內容會得到「讚」，然後向其他朋友擴散。有興趣的人點選後，就會造訪網站，網站的頁面瀏覽率就會上升，而網頁的頁面瀏覽率也是 SEO 策略的指標之一。只要是「優質內容」就有可能得到很多「讚」或被多次「分享」，所以 Facebook 可說是確認內容是否優質的地方。

圖5-6-1 優質連結

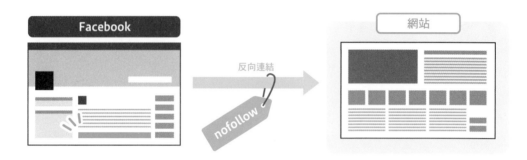

圖5-6-2 增加頁面瀏覽率的機制

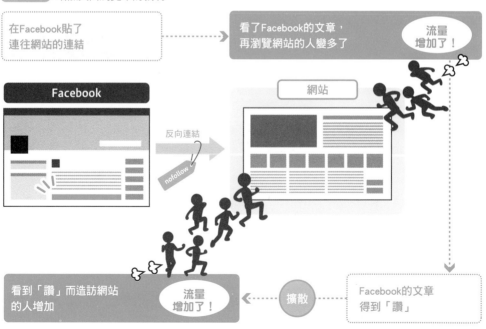

讓來自 Facebook 的連結變得有效的張貼方式（OGP 的設定方法）

大家是否遇過在特定頁面張貼連結時，Facebook 卻顯示其他圖片的情況？這是因為被連結的網站有特別的設定。

建置網站之際，不妨先設定在 Facebook 被介紹時顯示的圖片或註解，而這個設定就稱為 OGP。

OGP 是「Open Graph Protocol」的縮寫，指的是在社群網站分享時所顯示的資訊。在 Facebook 張貼網站的 URL，通常可直接顯示網站的圖片，但如果在網站設定 OGP 的標籤，不管網站放的是什麼圖片，在 Facebook 顯示的都是 OGP 設定的圖片。

撰寫範例	說明
meta property="**og:image**"	可指定在貼文欄位顯示的圖片。可在此設定較吸睛的圖片。
meta property="**og:title**"	記載頁面的標題。貼文欄位有時會以智慧型手機瀏覽，所以標題最好在 20 個字之內。
meta property="**og:type**"	記載頁面的類型。首頁可加上「website」的標記，部落格則是「blog」，下層頁面則是「article」。
meta property="**og:url**"	記載頁面的 URL。
meta property="**og:site_name**"	記載網站的名稱。
meta property="**og:description**"	記載網站的說明（敘述）。建議限縮於 90 個字之內。

如果沒有設定 OGP，就會將這類 URL（http://gliese.co.jp/seminar/2018-01-23/）分享到 Facebook，就會在 Facebook 顯示**圖 5-6-3** 的圖片。標題與說明都摻雜了頁面標題標籤與敘述標籤的文字。

圖5-6-3 未設定 OGP 的情況

圖片直接被分享

<title> 標籤與 <description> 標籤的內容也被分享

如果想在 Facebook 顯示其他圖片，建議先設定 OGP。OGP 的設定請參考下頁內容，主要是在上述頁面的 <head> 與 </head> 之間撰寫標籤。

圖5-6-4 設定 OGP

❶利用 og:title=OGP 定義標題

❷利用 og:image=OGP 定義圖片

❸利用 og:description=OGP 定義說明（敘述）

設定 OGP 之後，不管網站放的是哪些圖片，都會以 OGP 的設定為優先。完成**圖 5-6-4** 的設定後，將下列的文章分享至 Facebook。

圖5-6-5 設定 OGP 之後，文章產生的變化

❷利用 OGP 設定的圖片

❶利用 OGP 設定的標題

❸利用 OGP 設定的說明（敘述）

妥善應用 OGP 就能在網站放入內含關鍵字的標題標籤與敘述標籤，也能在 Facebook 撰寫吸睛的標題與容易擴散的說明。

Chapter 6

不同業種、不同目的之SEO策略

SEO 沒有「一定得這麼做才正確」的黃金
規則，必須根據不同的商品、服務、業種、
業界以及顧客執行。

這裡要透過幾個實例介紹不同的 SEO 策略。

請一邊思考「如果是我，這個實例會怎麼執
行 SEO 策略？」這個問題，一邊閱讀內容。

Lesson 6-1　網站的經營方針

百貨公司類型與專賣店類型的網站哪邊比較有利於 SEO 策略？

像百貨公司這類銷售各種商品的網站以及專賣單項商品的網站，哪邊比較有利於執行 SEO 策略？

> 我一直想的是開一間專賣夏威夷珠寶的店，但可以連朋友在賣的亞洲雜貨一起賣嗎？我希望之後能把店開成百貨公司，銷售各種商品～

> 網站的確是可以銷售各種商品，但是百貨公司類型的網站就不太容易執行 SEO 策略。

> 賣各種商品不是比較容易利用各種關鍵字打響名號嗎？

打造專賣店類型的網站吧！

所謂百貨公司類型的網站就是類似同時銷售服飾、食品、家用品這類商品的店家，而專賣店類型的網站就是像眼鏡專賣店、戶外用品專賣店或內衣專賣店的店家。

圖6-1-1　百貨公司與專賣店

百貨公司類型與專賣店類型的網站何者有利於 SEO ？雖然沒有固定的答案，不過對於準備建置網站的人而言，比較建議「專賣店類型」的網站。

假設同樣是有一百頁頁面的網站，比起服飾 30 頁、商品 30 頁、家用品 40 頁的百貨公司類型網站，光眼鏡就有一百頁介紹的**網站擁有更明確的「主題」**，所以也比較有利於 SEO 策略的推動。

圖6-1-2 百貨公司類型的網站

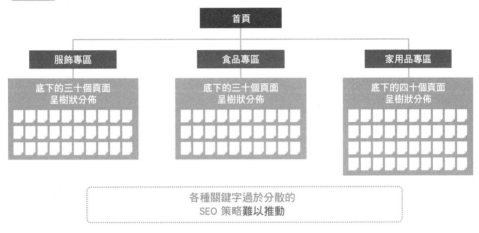

圖6-1-3 專賣店類型的網站

百貨公司類型網站的**關鍵字通常很分散**，很難以特定的關鍵字執行 SEO 策略。

專賣店類型網站的每一個頁面**幾乎都含有「眼鏡」這個關鍵字**，所以很適合以「眼鏡」這個關鍵字推動 SEO 策略。

MEMO //

百貨公司類型的網站通常會依照分類執行不同的 SEO 策略，若從上圖來看，就是替服飾、食品、家用品這些專區決定關鍵字，再執行 SEO 策略。

將目標放在有利基的關鍵字

就算要建置的是專賣店類型的網站，也不一定能迅速闖入 Google 搜尋結果的前段班。請大家試著在 Google 搜尋「眼鏡」這個關鍵字，會發現眼鏡業的知名店家、大型店家已榜上有名。

圖6-1-4 搜尋「眼鏡」的結果

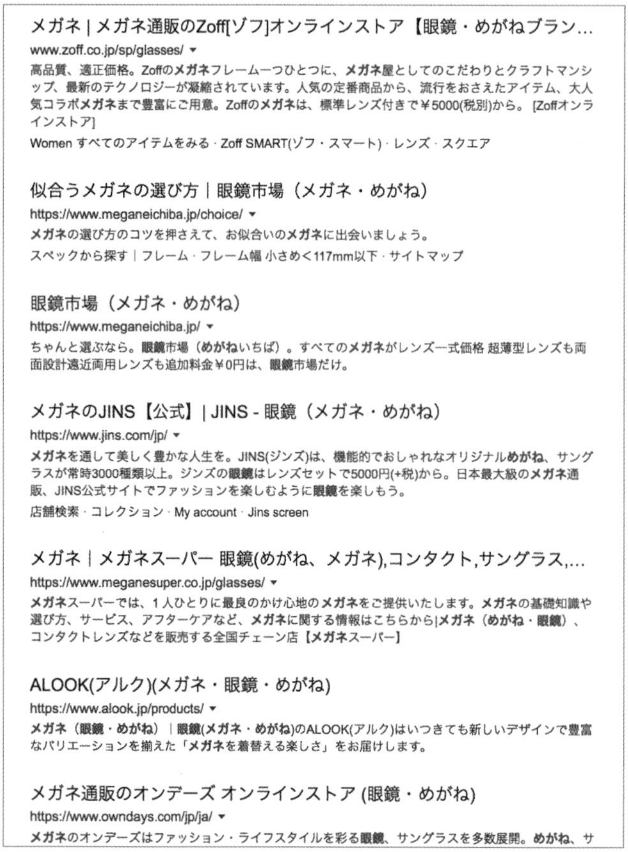

メガネ | メガネ通販のZoff[ゾフ]オンラインストア 【眼鏡・めがねブラン...
www.zoff.co.jp/sp/glasses/
高品質、適正価格。Zoffのメガネフレーム一つひとつに、メガネ屋としてのこだわりとクラフトマンシップ、最新のテクノロジーが凝縮されています。人気の定番商品から、流行をおさえたアイテム、大人気コラボメガネまで豊富にご用意。Zoffのメガネは、標準レンズ付きで￥5000(税別)から。[Zoffオンラインストア]
Women すべてのアイテムをみる · Zoff SMART(ゾフ・スマート) · レンズ · スクエア

似合うメガネの選び方｜眼鏡市場（メガネ・めがね）
https://www.meganeichiba.jp/choice/ ▼
メガネの選び方のコツを押さえて、お似合いのメガネに出会いましょう。
スペックから探す｜フレーム・フレーム幅 小さめく117mm以下 · サイトマップ

眼鏡市場（メガネ・めがね）
https://www.meganeichiba.jp/ ▼
ちゃんと選ぶなら。眼鏡市場（めがねいちば）。すべてのメガネがレンズ一式価格 超薄型レンズも両面設計遠近両用レンズも追加料金￥0円は、眼鏡市場だけ。

メガネのJINS【公式】| JINS - 眼鏡（メガネ・めがね）
https://www.jins.com/jp/ ▼
メガネを通して美しく豊かな人生を。JINS(ジンズ)は、機能的でおしゃれなオリジナルめがね、サングラスが常時3000種類以上。ジンズの眼鏡はレンズセットで5000円(+税)から。日本最大級のメガネ通販、JINS公式サイトでファッションを楽しむように眼鏡を楽しもう。
店舗検索 · コレクション · My account · Jins screen

メガネ | メガネスーパー 眼鏡(めがね、メガネ),コンタクト,サングラス,...
https://www.meganesuper.co.jp/glasses/ ▼
メガネスーパーでは、1人ひとりに最良のかけ心地のメガネをご提供いたします。メガネの基礎知識や選び方、サービス、アフターケアなど、メガネに関する情報はこちらから|メガネ（めがね・眼鏡）、コンタクトレンズなどを販売する全国チェーン店【メガネスーパー】

ALOOK(アルク)(メガネ・眼鏡・めがね)
https://www.alook.jp/products/ ▼
メガネ（眼鏡・めがね）|眼鏡(メガネ・めがね)のALOOK(アルク)はいつきても新しいデザインで豊富なバリエーションを揃えた「メガネを着替える楽しさ」をお届けします。

メガネ通販のオンデーズ オンラインストア (眼鏡・めがね)
https://www.owndays.com/jp/ja/ ▼
メガネのオンデーズはファッション・ライフスタイルを彩る眼鏡、サングラスを多数展開。めがね、サ

我們當然可以選擇以「眼鏡」這個關鍵字執行 SEO 策略，但也可以試著使用**與對手稍微不同的關鍵字**。

比方說搜尋「眼鏡 男用」，專欄與報導就會出現在搜尋結果的前段班。

以關鍵字規劃工具➡ P.72 調查這個關鍵字的搜尋次數，會發現

- 以「眼鏡 男用」這種兩個詞的關鍵字搜尋　：每月平均搜尋量為 **3,600** 次
- 以「眼鏡」這種單詞的關鍵字搜尋　　　　：每月平均搜尋量為 **201,000** 次

圖6-1-5　「眼鏡 男用」的搜尋結果

可以發現這兩種關鍵字之間有明顯的差距，比起意氣用事地以「眼鏡」這個關鍵字執行 SEO，然後耗費大量的時間，以「眼鏡 男用」這個關鍵字狙擊第一名的寶座也是不錯的戰略。其他像是：

- 「眼鏡 鏡框」：每月平均搜尋量為 **18,100** 次
- 「眼鏡 名牌」：每月平均搜尋量為 **14,800** 次
- 「眼鏡 時尚」：每月平均搜尋量為 **12,100** 次
- 「眼鏡 女用」：每月平均搜尋量為 **1,000** 次
- 「眼鏡 運動」：每月平均搜尋量為 **1,000** 次

以上述這些關鍵字調查競爭程度後，可將目標放在有利基、對手較少的關鍵字。決定「兒童專用眼鏡」、「老花眼鏡專賣店」、「太陽眼鏡專賣店」這類具有利基的關鍵字，再分別設立專賣網站也是不錯的方法。

圖6-1-6 將目標放在利基的專賣店網站

| 眼鏡鏡框專賣店 | 時尚眼鏡專賣店 | 名牌眼鏡專賣店 | 女性專用眼鏡專賣店 |

實例：利用利基市場、利基關鍵字試水溫

專賣婚禮邀請卡、席次表、結婚明信片這類紙類商品的「cocosab」就是將目標放在利基市場的網站。

圖6-1-7 專賣婚禮邀請卡、桌次表、結婚明信片紙類商品的「cocosab」

https://www.cocosab.com/

提到婚禮，就會想到婚紗、結婚蛋糕、會場、照片、小禮物這些主角級的商品與服務，但「cocosab」卻將重點放在配角的紙類商品，致力於這類商品的銷售。看了頁面的原始碼也會發現，他們使用了婚禮、婚紗、邀請卡、桌次表、手工這類的關鍵字。

圖6-1-8　「cocosab」的網頁原始碼

```
21  <title>結婚式招待状・席次表手作りウェディングの格安販売ココサブ</title>
22  <meta name="description" content="結婚式招待状・席次表はココサブがおしゃれで
    可愛いと花嫁さんに人気。格安で手作りできると即決される事が多い専門店です。中紙や
    返信はがきもこだわったデザインでペーパーアイテムを手作りできます。" />
23  <meta name="keywords" content="結婚式,招待状,席次表,手作り" />
24  <!--トップページ-->
25  <link rel="canonical" href="https://www.cocosab.com/" />
26  <meta name="author" content="手作り ウェディング ペーパーアイテム ココサブ" />
27  <script type="text/javascript">
```

每一項商品的單價雖然不高，但是邀請卡、桌次表這類紙類商品卻得依照參加婚禮的人數準備一定的份量，而且銷售的商品幾乎都是舉辦婚禮所需的用品。

利用具有利基的關鍵字擠進搜尋結果前段班之後，搭配一項商品也能寄送樣品或銷售的服務，就很有可能創造很高的業績。

這是利用特定關鍵字擠進搜尋結果前段班的絕佳實例。

Lesson 6-2

解決使用者的煩惱，讓使用者感到滿足

以常見問題為關鍵字打造專欄（化妝品／健康食品）

顧客有煩惱，想要解決問題的時候就會搜尋，尤其「難以啟齒的煩惱」更是搜尋量高居不下的關鍵字。讓我們利用網站準備能解決煩惱的內容吧。

雖然跟 SEO 沒什麼關係，不過前幾天被女朋友說「頭很臭」，讓我很受打擊。這問題沒辦法跟別人討論，只好上網搜尋，買了看起來不錯的洗髮精。

難以啟齒的事情最適合上網問呢。

的確，我都是上網搜尋那些羞於啟齒的問題啊（汗）

將注意力放在常見煩惱的關鍵字

如果你的網站是銷售化妝品或健康食品，那一定要把注意力放在常見煩惱的關鍵字上。

以銷售受損髮質專用的洗髮精或潤髮乳的網站為例，顧客都會以什麼關鍵字搜尋呢？「洗髮精」、「潤髮乳」這類關鍵字固然重要，但是「白頭髮」、「掉髮」、「頭髮 乾燥」、「頭皮痘痘」、「頭皮 發癢」，搜尋這些關鍵字的人也很可能會購買洗髮精或潤髮乳（**圖 6-2-1**）。

一起站在顧客的立場，思考「會以什麼關鍵字搜尋」，然後找出常見煩惱的關鍵字吧！

製作解決煩惱的內容會遇到什麼問題？

2016 年，某間大型 IT 企業經營的網站（醫療內容網站）被迫停止經營。

圖6-2-1 有煩惱的人比較容易購買商品

原因在於網站刊載了「不正確」的文章或「未經允許就引用」的內容。後來得知是聘請了不專業的寫手以推動 SEO 策略為目的，大量生產了內容。這個大型 IT 企業給寫手的手冊也建議可模仿（參考）其他網站的原稿。

這件事不僅在 SEO 業界傳開，也在整個社會掀起軒然大波。以化妝品或健康商品為主題，用意在於解決煩惱的內容必須具有公信力。撰寫專業性較高的內容時，**務必與該領域的專家確認**。

MEMO ///

不只文章有著作權，照片、圖片、歌曲、程式都有著作權，使用時務必注意。

製作專業內容的方法

製作專業內容的方法有下列兩種。

- 請專家撰寫
- 採訪專家，藉此寫成原稿

拜託專家撰寫時，可告訴專家網站的目標對象或是目的，讓專家了解目標讀者。專家通常有自己的正職，所以行程管理也是非常重要的。知道怎麼寫才有利於 SEO 策略的專家並不多，所以有時候得先告知專家，事後可能會修改原稿，並且取得專家的同意。

若是打算採訪專家，則必須調整行程。原稿會因為採訪內容而變動，所以得事先決定採訪的題目，一邊想像最終的原稿，一邊採訪專家。當然也得準備一份給專家的謝禮。

Lesson 6-3

利用本地 SEO 策略請顧客來到實體門市

如何在地區名稱的搜尋擠進前幾名？（實體門市）

搜尋「午餐」、「拉麵」、「皮膚科」這些關鍵字的時候，大家是否曾經因為搜尋結果都是本地資訊而大吃一驚呢？即使輸入的不是「澀谷 午餐」，搜尋引擎還是知道你的位置，這背後到底是什麼原理呢？

如果要開一間夏威夷珠寶的實體門市，我打算在代官山開。

要讓顧客來到實體門市，可能得利用「代官山 夏威夷珠寶」或「代官山 珠寶店」擠進搜尋結果前幾名喲。

Google 的地區名稱搜尋到底是怎麼一回事啊？

Google 隨時觀察使用者的定位資訊

當使用者輸入與**地區高度相關的關鍵字**，Google 就會依照使用者的目前所在位置顯示對應的搜尋結果。這就是 Google 演算法之一的「威尼斯演算法更新」。

比方說，在國分寺市搜尋「午餐」，搜尋結果常常會是「國分寺附近午餐店」的資訊（**圖 6-3-1、6-3-2**）。

與地區性高度相關的關鍵字就是午餐、咖啡廳、拉麵這類餐廳，或是寵物店這類門市、動物園、遊樂園這類主題公園、電影院、醫院這類地點。

Google 會試圖了解搜尋「午餐」的**使用者在想什麼**，然後想像「搜尋午餐，是想就近解決午餐嗎？」，接著再顯示所在地周邊的店家。

隨著智慧型手機的普及，這種根據定位資訊搜尋的情況越來越多。在當地利用智慧型手機搜尋「咖啡廳」、「餐廳」、「便利商店」、「電影院」的使用者也越來越多。如果想請旅行的人光顧實體門市，就絕不能錯過這個趨勢。

圖6-3-1 高度地區相關性的搜尋結果 ①

圖6-3-2 高度地區相關性的搜尋結果 ②

国分寺ランチは絶対ここ！安くて美味しいオススメ人気店10選 | MONK...
mnky.jp › ライフスタイル › グルメ › ランチ › 東京ランチ › 国分寺ランチ ▾
2017/06/27 - pixta イメージ画像 中央線沿い。都内で吉祥寺へのアクセスもよく最近は駅ビルなど開発もすすんでますます住みやすくなった国分寺。今回はそんな国分寺で食べられるおすすめのリーズナブルな人気ランチをまとめてみました。1 フジランチ ...

国分寺市のランチ 昼の人気ランキング [食べログ]
https://tabelog.com › 東京 › 東京ランチ ▾
日本最大級のグルメサイト「食べログ」では、国分寺市で人気のお店 (ランチ) 296件を掲載中。口コミやランキング、こだわり条件から失敗しないおすすめのお店が探せます。レストランのお店が多いです。昼/ランチの評価が高い上位5店は国分寺の中華そば ...

小川駅(東京都)のランチ 昼の人気ランキング [食べログ] - 小平市
https://tabelog.com › 東京 › 東京ランチ › 西東京市周辺ランチ › 小平ランチ ▾
日本最大級のグルメサイト「食べログ」では、小川駅(東京都)で人気のお店 (ランチ) 28件を掲載中。口コミやランキング、こだわり条件から失敗しないおすすめのお店が探せます。レストランのお店が多いです。昼/ランチの評価が高い上位5店は八坂の草門去来荘 ...

全国のランチ 昼の人気ランキング [食べログ]
https://tabelog.com › rstLst/lunch/ ▾
日本最大級のグルメサイト「食べログ」では、全国で人気のお店 (ランチ) 286501件を掲載中。口コミやランキング、こだわり条件から失敗しないおすすめのお店が探せます。お探しのお店は東京に多く、特にレストランのお店が多いです。昼/ランチの評価が高い ...

【話題】東京都国分寺市 国分寺駅 ランチ お店ランキング - Yahoo!ロコ
https://loco.yahoo.co.jp › 全国 › 東京都 › 国分寺市 ▾
Yahoo! JAPANの検索データをもとに、世の中で注目されている「東京都国分寺市 国分寺駅 ランチ」のお店219件をランキング。毎日更新されるので、いま話題のお店がわかります。

国分寺の満足ランチはここ！美味しいと評判のおすすめ店7選 | icotto[イ...
https://icotto.jp › 東京都 › 国分寺の観光おでかけ・グルメ情報 ▾

強化本地 SEO 策略

在 SEO 策略之中，特別重視地區性的策略稱為「**本地 SEO 對策**」。本地 SEO 策略的第一步是先在自家網站填入正確的地址、電話號碼與服務內容。要利用本地 SEO 策略闖入搜尋結果前段班，必須具備下列三個元素。

相關性

網站必須記載與服務有關的詳盡資訊。

距離

會基於使用者的定位資訊計算距離。

知名度

知名度越高，越容易進入前段班。Google 曾公開表示知名的飯店、美術館比較容易進入搜尋結果的前幾名。

詳情請參考 Google 我的商家的說明頁面（**圖 6-3-3**）。

圖6-3-3 Google 我的商家的本地搜尋説明

https://support.google.com/business/answer/7091

於 Google 我的商家註冊

要執行本地 SEO 策略，就要先於 Google 我的商家註冊。Google 我的商家是 Google 提供的免費服務，可免費在 Google 搜尋或 Google 地圖這類 Google 服務公司自己的店家資訊。而且有可能在 local pack 或知識面板（knowledge panel）搶到顯眼的位置。

圖6-3-4 Google 我的商家的説明頁面

https://support.google.com/business/answer/3038063

Local pack 與知識面板

若提到在 Google 搜尋結果特別搶眼的位置，那當然是 Local pack 與**知識面板**。local pack 是於畫面上方顯示的框架，會與地圖資訊一起顯示（**圖 6-3-5**）。能否在 local pack 顯示，全憑在 Google 我的商家刊載的資訊以及 Google 的演算法決定，其中的影響因素分成「**相關性**」、「**距離**」、「**知名度**」。

知識面板則是於 Google 搜尋結果右側顯示的箱狀商家資訊（**圖 6-3-6**）。

圖6-3-5 Local pack

知識面板

圖6-3-6

在 Google 我的商家註冊不一定就能讓自己的店家在這兩塊區域顯示，但是註冊之後，就有很高的機率在這兩塊區域顯示。

請依照 Google 我的商家的指示填寫詳盡的註冊資訊。

註冊 Google 我的店家的方法

註冊 Google 我的店家的方法如下。

❶ 在 **Google 我的店家**點選「**馬上試試**」。

❷ 登入 **Google** 帳號。

圖6-3-7 登入 Google 我的店家

https://google.com/business/

③ 依據畫面指示輸入商家名稱、地址等相關資訊。

圖6-3-8 新增商家資訊

❹ 設定完成後，會開啟管理畫面。

圖6-3-9 「Google 我的商家」管理畫面

管理畫面可設定照片與編輯資訊。Google 我的店家也有新增網站、刊載廣告、管理評論這類選單，調查使用者都以何種關鍵字搜尋的解析功能也非常好用。

COLUMN ○ ○ ○ ○ ○ ○ ○ ○ ○ ○

地圖引擎最佳化（MEO）

以地區性關鍵字搜尋時，有時搜尋結果的前幾筆會顯示地圖。

圖6-3-A 搜尋結果的前幾筆為地圖的範例

地圖資訊可告訴我們位置，而且地圖下方有店名以及相關資訊，所以使用者能迅速掌握需要的資訊，當然也更容易點選這個區塊的內容。

讓自己的店家在這個區塊顯示的過程稱為 **MEO（Map Engine Optimization）**，中文翻譯為**地圖引擎最佳化**。

註冊 Google 我的商家是執行 MEO 非常有效的步驟之一。

Lesson 6-4　了解適合 B to C 的內容

顧客的意見／體驗有助於 SEO 策略執行？（BtoC 商品）

顧客的意見往往可讓不知該不該購買的人下定決心購買，刊載許多顧客意見的網站也讓人覺得很熱鬧，很多人來逛，也比較容易讓第一次造訪的顧客放心與信任。這種來自顧客的意見有利於 SEO 策略嗎？

我常收到夏威夷珠寶的顧客寫來的感想與感謝信耶，真的很開心呢。

這真是太棒了。這不僅僅是覺得商品很棒，更是覺得店家的服務很親切吧！

話說回來，顧客的意見會有 SEO 效果嗎？

顧客的意見／體驗是最具代表性的原創內容

Google 會對優質的原創內容給予好評，顧客的意見、體驗是該顧客對商品的瞬間「感受」，當然也是一種「親身體驗」，所以不可能會有相同的內容存在，也**當然是完全原創的內容**。

顧客的意見通常會是「○○○很好吃」、「想知道○○○怎麼使用，結果○○的店家很細心地教我」這類內容，通常也會挾雜商品名稱、服務名稱、店名這類關鍵字。

體驗文通常是精彩的長篇故事，所以也是值得一讀的優質內容，當然也是網站的重要資產。

【例】

- 「考試體驗」
- 「人生第一次住透天厝！從找房子到入住的經驗談」
- 「從自由工作者轉職為護士！學習日記」

在網站刊載顧客的意見或體驗，是「增加內容，同時增加關鍵字」的良性循環。務必積極見證載顧客回饋與體驗的內容喲！

實例：同時放上包含「圖片與文字」的顧客回饋

有時候顧客的回饋會是明信片、信件、FAX 的形式，這時候可利用掃描器掃描手寫的訊息，再直接放上網站。手寫的訊息更具真實感及溫度。

不過 Google 的網路爬蟲比較擅長閱讀文字而不是圖片，所以可先替圖片加點文字。

「宮崎地雞、燻製專賣店 Smoke Ace」就在掃描的圖片下方配置文字訊息，而且顧客的感謝信也一封一封上傳至網站。將顧客的訊息逐字打稿不是件容易的事，卻能增加網站的文字資訊（也增加了關鍵字），所以也很有 SEO 效果。

> **MEMO**
>
> 刊載顧客的意見時，要記得保護顧客的個人資訊，可用代碼置換顧客的姓名，也必須先取得顧客的允許。

圖6-4-1 宮崎地雞、燻製專賣店 Smoke Ace

https://www.smokeace.jp/

圖6-4-2 Smoke Ace 刊載的顧客回饋

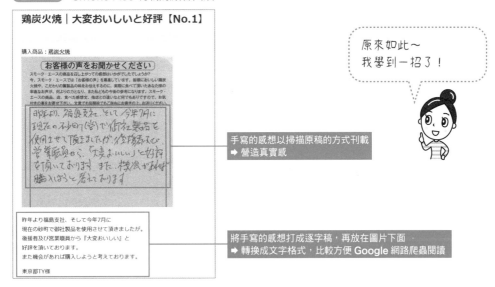

鶏炭火焼｜大変おいしいと好評【No.1】

手寫的感想以掃描原稿的方式刊載
→ 營造真實感

將手寫的感想打成逐字稿，再放在圖片下面
→ 轉換成文字格式，比較方便 Google 網路爬蟲閱讀

原來如此～
我學到一招了！

刊載顧客回饋時，不妨加個小標題

刊載顧客意見時，只要加點小巧思就能提升 SEO 效果。有些顧客的意見會挾雜有利於 SEO 的關鍵字，有的卻一個字也沒提到。由於顧客的意見不能擅自修改，所以可試著加入小標，藉此加入關鍵字。

圖6-4-3 加入小標

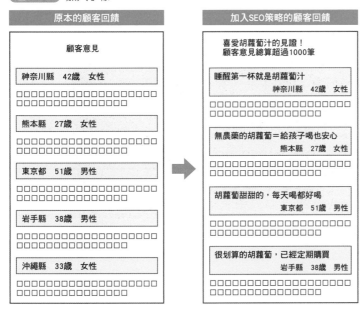

原本的顧客回饋

顧客意見

神奈川縣　42歲　女性

熊本縣　27歲　女性

東京都　51歲　男性

岩手縣　38歲　男性

沖繩縣　33歲　女性

加入SEO策略的顧客回饋

喜愛胡蘿蔔汁的見證！
顧客意見總算超過1000筆

睡醒第一杯就是胡蘿蔔汁
神奈川縣　42歲　女性

無農藥的胡蘿蔔＝給孩子喝也安心
熊本縣　27歲　女性

胡蘿蔔甜甜的，每天喝都好喝
東京都　51歲　男性

很划算的胡蘿蔔，已經定期購買
岩手縣　38歲　男性

圖 **6-4-3** 的左圖見證把顧客回饋列出來，右圖卻加了小標，而且**每個小標都加入有「胡蘿蔔」這個關鍵字，所以很有 SEO 效果**。這種方法可不修改顧客回饋，又能增加關鍵字。

植入小標的重點在於根據顧客回饋，寫出適當的內容。

COLUMN ○ ○ ○ ○ ○ ○ ○ ○ ○ ○

加上小標，打造易讀的網站

加上小標不是為了在小標插入 SEO 關鍵字，因為小標的功能是幫助使用者閱讀文章。沒有標題的文章很單調，沒有起伏，也很難閱讀，讀者可能看到一半就離開網站，放棄閱讀。加上小標可讓文章更有張力，讀者也能掌握整體的內容，當然也比較有機會讀到最後。撰寫文章的時候，記得在每個段落加上小標喲。

圖6-4-A 沒有小標的文章

▋2タイプのリードジェネレーション

「リードジェネレーション」は、「リード（見込み客）を作り出す」という意味です。きょうはリード（見込み客）を作り出す方法を、オフラインとオンラインに分けて考えていきます。

　最初にオフラインでの「リードジェネレーション」を説明します。「見込み客」と出会える場面を想像してみてください。または「見込み客」と出会うために行っている取り組みを考えてみましょう。「名刺交換ができる場所」と考えてもOKです。
　たとえば、イベントへの出展や、展示会等の開催があります。イベントブースの受付で名刺をいただくことはもちろん、会場での名刺交換も可能です。自社でショールームを持っている企業であれば、日々お越しいただくお客様の名刺も「リード」となっていきます。

　〜途中省略〜

　次はオンラインでの「リードジェネレーション」です。オンラインでの「リードジェネレーション」では、フォームを用意しておくことによって、お客様に、自らご自身の個人情報を入力もらえるというメリットがあります。
　お客様がフォームから入力してくれた直後から「ナーチャリング」を行っていくことができるのです。

　Webサイト上では、できるだけ多くの「フォーム」を用意しておきましょう。
　例えば、以下のような場所には「フォーム」の設置が可能です。

　〜後半省略〜

圖6-4-B 有小標的文章

▋2タイプのリードジェネレーション

「リードジェネレーション」は、「リード（見込み客）を作り出す」という意味です。きょうはリード（見込み客）を作り出す方法を、オフラインとオンラインに分けて考えていきます。

オフラインでの「リードジェネレーション」

　最初にオフラインでの「リードジェネレーション」を説明します。「見込み客」と出会える場面を想像してみてください。または「見込み客」と出会うために行っている取り組みを考えてみましょう。「名刺交換ができる場所」と考えてもOKです。
　たとえば、イベントへの出展や、展示会等の開催があります。イベントブースの受付で名刺をいただくことはもちろん、会場での名刺交換も可能です。自社でショールームを持っている企業であれば、日々お越しいただくお客様の名刺も「リード」となっていきます。

　〜途中省略〜

オンラインでの「リードジェネレーション」

　次はオンラインでの「リードジェネレーション」です。オンラインでの「リードジェネレーション」では、フォームを用意しておくことによって、お客様に、自らご自身の個人情報を入力もらえるというメリットがあります。
　お客様がフォームから入力してくれた直後から「ナーチャリング」を行っていくことができるのです。

　Webサイト上では、できるだけ多くの「フォーム」を用意しておきましょう。
　例えば、以下のような場所には「フォーム」の設置が可能です。

　〜後半省略〜

以使用者為主體的內容有絕佳的 SEO 效果

FAQ 頁面的製作方法
（Know-How 類型的內容）

之所以會在網路搜尋，通常是遇到問題或有東西要查的情況吧？如果不能立刻找到答案，想必會覺得很煩，但如果找到的頁面有很簡單易懂，又超乎預期的說明時，使用者會有什麼感受？ **FAQ** 就是能讓顧客為之感動的內容。

我喜歡攝影，所以買了台新的數位相機，但使用時遇到一些問題，幸虧廠商的網站有準備 FAQ，而且能直接搜尋需要的答案，真的很方便。

商品網站的 FAQ 很充實，的確是能幫上大忙呢。

裡面有很多有用的知識，我也分享給跟我有一樣興趣的朋友了。

說不定你的朋友會因為這個 FAQ 而跟你買一樣的相機喲（笑）

FAQ 是最具代表性的實用內容

要讓網站的內容更充實就製作 FAQ 吧！ FAQ 是 Frequently Asked Questions 的縮寫，中文翻譯是「常見問題」。

FAQ（常見問題）能解決顧客煩惱與困擾，是很實用的內容。

絕不能抱著「說明書寫得很詳盡，所以不需要另外製作 FAQ」的想法，因為當顧客不知該如何操作時，就會想要看看 FAQ，所以能把 **FAQ** 做成立刻找得到答案的版式，一定會是很實用的內容。

在 FAQ 插入關鍵字的方法

在自家網站製作的 FAQ 當然只與自家產品、服務有關,而且 FAQ 通常符合網站的主題,也能讓網站變得更充實,所以是最適合 SEO 策略的內容。FAQ 的內容也通常挾雜著許多關鍵字。製作 FAQ 的內容時,可在問題植入關鍵字。若不植入關鍵字,「Q」的部分就會寫成下列這副模樣。

反面範例

Q:使用方法是?

Q:目標使用者是?

Q:故障排除方法是?

從上述的問題看不出是什麼的使用方法。雖然「一定是自家商品」,但這種寫法實在很不親切。為了避免第一次造訪的顧客看不懂,最好把「Q」的部分寫成下列這種格式。

正面範例

Q:●●●的使用方法是?

Q:●●●的目標使用者是?

Q:●●●的故障排除方法是?

※「●●●」可以是商品名稱或服務名稱。

如果在「Q」的部分放入關鍵字,「A」的部分也比較容易放入關鍵字。

Q&A 的範例

Q:●●●的使用方法是?

↓

A:●●●的使用方法請參考下圖。打開電源,按下開關 **A**,應該就會顯示畫面。

製作這種「避免顧客困擾」、「讓顧客一看就懂」的內容,就能在內容插入關鍵字或具體的說明步驟,也就有利於 SEO 策略的推動。

製作 FAQ 的優點

簡單易懂的 FAQ，很有可能會被「Yahoo! 知識＋」、「Google 知識家」（這是日本特有的服務）這類 Q&A 網站轉貼連結。這意思是，有人在 Q&A 網站發出「有人可以教我●●怎麼用嗎？」的問題時，會有人幫忙轉貼自家網站的連結，告訴發問者「這裡教得很詳盡喲」。

圖6-5-1 在 Q&A 網站被轉貼連結

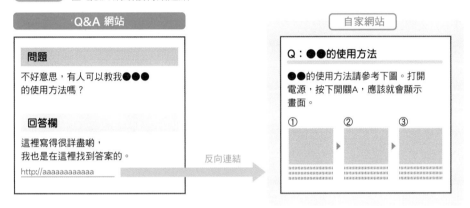

這種反向連結也是自然連結，在 **SEO** 的世界裡也是超有價值的連結。為了充實網站內容與獲得反向連結，讓我們用心製作 FAQ 吧！

MEMO //

FAQ 的內容夠充實，也能減少顧客來諮詢的次數，因為顧客可自行閱讀 FAQ 解決問題。

參考 FAQ 網站的問題

為自家網站製作 FAQ 專欄時，可參考受歡迎的 FAQ 網站都有哪些問題。

例如，在「Google 知識家」、「Yahoo! 知識＋」、「OKWAVE」這類網站的搜尋方塊輸入關鍵字，看看已有哪些問題與回答。替自家網站製作 FAQ 的時候，先想好自己的答案再上傳，而且這些答案也是原創的內容。

圖6-5-2 Google 知識家（譯註：這是日本特有的網站）

https://oshiete.goo.ne.jp/

利用關鍵字大量取得 FAQ 網站的資訊

「相關關鍵字取得工具（http://www.related-keywords.com/）可根據特定的關鍵字從「Google 知識家」與「Yahoo! 知識 +」取得相關的資訊。

① 輸入搜尋關鍵字，再點選「取得開始」按鈕。

圖6-5-3 相關關鍵字取得工具

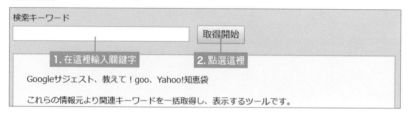

② 顯示搜尋結果

圖6-5-4 從 Q&A 網站取得的關鍵字

例如以「珠寶」搜尋，就會知道有下列的問題。

- 首飾與珠寶的不同是？
- 女性喜歡的珠寶品牌是？
- 珠寶該如何保養？

- 正在物色適當的珠寶盒
- 對選擇珠寶的女性還是選擇花朵的女性較佳？

Lesson 6-6

雖然有點難，卻能營造長尾效應

用語集的製作方法（學習／知識類型內容）

每逢出現一些簡稱或英語縮寫時，就是用語集派上用場的時候。簡單易懂的用語解釋，能讓人一下子就記住。用語集可用來增加頁面內容，也能營造長尾效應。

不知道該怎麼以文章增加內容的人，是不是可以透過用語集增加內容啊？

你為什麼會這麼想呢？

因為內容可以寫得短一點，而且我覺得自己應該會寫。

許多人以為用語集很簡單，能一下子增加不少內容，但其實有一定難度喲。

利用用語集打造長尾關鍵字

用語集指的是統一說明特定領域用語的內容。如果專業性的用語很多，或是有很多特殊的專有名詞，那麼用語集就能派上用場。

圖6-6-1 用語集

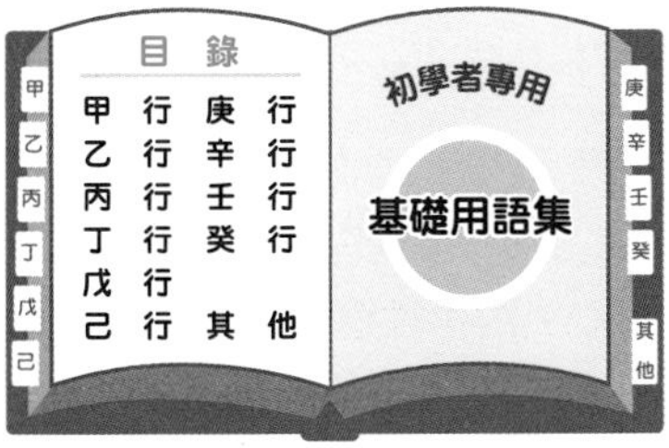

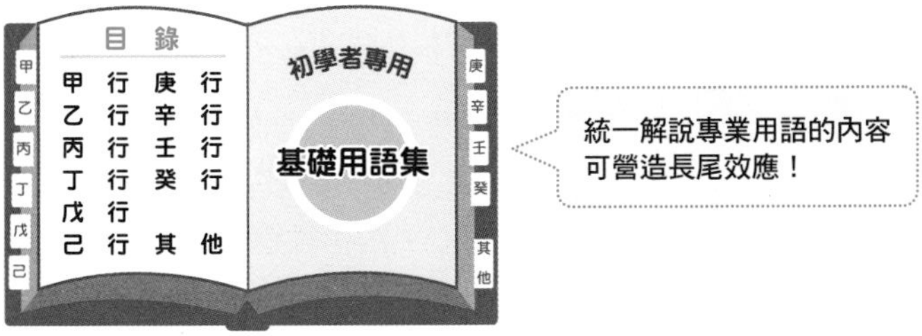

統一解說專業用語的內容
可營造長尾效應！

用語集可透過用語的數量替網站增加內容，也能打造長尾關鍵字。長尾關鍵字就是搜尋次數不多的關鍵字。每一個的用語雖不像被大量搜尋的大關鍵字，能一口氣吸引很多客人，但只要不斷追加用語，就能招攬更多客人。

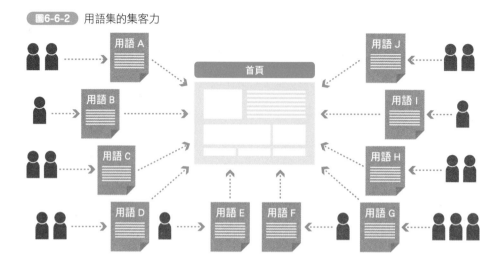

圖6-6-2 用語集的集客力

專業用語或業界用語被搜尋的機會雖然不高，但是「會搜尋該用語的人」有可能就是「潛在顧客」。找出潛在顧客可能會搜尋的用語，再加上相關的解釋。

重複內容的危險性

許多人以為用語集不過就是用語的解說，相較於實例集、商品說明頁面，是「能快速寫好的內容」。如果是熟悉該業界的人，的確能一下子寫好用語的解說。

不過這裡要注意重複資料的危險性。既然是「用語的解釋」，有可能其他網站也會出現一樣的內容。例如搜尋「什麼是 SEO」，就會顯示下列的說明。

> **【例1】**
> **SEO** 是「Search Engine Optimization」的縮寫，指的是搜尋引擎最佳化，也是讓網站在搜尋結果頁面增加曝光量的一連串行為。
> https://www.seohacks.net/basic/knowledge/seo/

> 【例2】
> SEO 策略（Search Engine Optimization）是讓自家網站在搜尋結果頁面增加曝光量的對策，也稱為搜尋引擎最佳化。
> https://ferret-plus.com/1733
>
> 【例3】
> SEO 是「Search Engine Optimization」的縮寫，意思是「搜尋引擎最佳化」。換言之，就是在 Google 或 Yahoo 這類搜尋引擎（搜尋網站）以特定關鍵字搜尋時，擠進搜尋結果前幾名的對策。
> http://sosus.info/002/01/

雖然內容有些不同，但都是用語的說明，所以一定會有相似之處。

避免重複內容的用語集

類似的文章若被認定成重複內容，將不利於 SEO 策略的執行。

所謂重複內容指的是與其他內容「完全相同」或「大致相同」的內容。整個頁面的內容「完全相同」或「大致相同」是重複內容，一頁裡的某個特定區塊的內容「完全相同」或「大致相同」當然也是重複內容。

MEMO

「有多少比例的內容重複會遭受處罰？」Google 並未公佈這類數值，所以必須盡力排除或修正有可能重複的內容。

若有重複內容，Google 只會顯示其中之一的頁面，這也是 Google 對使用者的貼心，因為如此一來，使用者就能在搜尋的時候，避開「似曾相識的內容」。

用語集很容易被認定為重複內容，所以務必加入原創的文章，例如自家公司對該用語的獨門解釋，或是常見問題、客戶意見、相關用語，都是可加註的原創內容。

圖6-6-3 利用原創內容形成差異

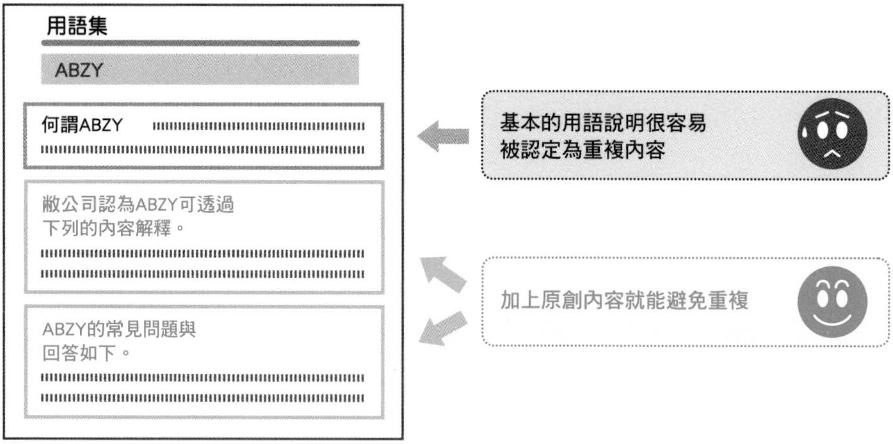

用語集
ABZY
何謂ABZY ▪▪▪▪▪▪▪▪▪▪▪▪▪▪▪▪▪▪▪▪▪▪▪▪▪▪▪▪▪▪ ▪▪▪▪▪▪▪▪▪▪▪▪▪▪▪▪▪▪▪▪▪▪▪▪▪▪▪▪▪▪▪▪▪▪▪▪
敝公司認為ABZY可透過 下列的內容解釋。 ▪▪▪▪▪▪▪▪▪▪▪▪▪▪▪▪▪▪▪▪▪▪▪▪▪▪▪▪▪▪▪▪▪▪▪▪ ▪▪▪▪▪▪▪▪▪▪▪▪▪▪▪▪▪▪▪▪▪▪▪▪▪▪▪▪▪▪▪▪▪▪▪▪
ABZY的常見問題與 回答如下。 ▪▪▪▪▪▪▪▪▪▪▪▪▪▪▪▪▪▪▪▪▪▪▪▪▪▪▪▪▪▪▪▪▪▪▪▪ ▪▪▪▪▪▪▪▪▪▪▪▪▪▪▪▪▪▪▪▪▪▪▪▪▪▪▪▪▪▪▪▪▪▪▪▪

基本的用語說明很容易
被認定為重複內容

加上原創內容就能避免重複

Lesson 6-7

每天持續增加的內容

利用部落格增加內容（社長／職員部落格）

如今部落格已是耳熟能詳的單字，但原本這個單字寫成「Weblog」。這是一種不需要 HTML 知識，也能在網路公開每天的所見所聞、想法、意見的系統，也有許多使用者使用。能簡單增加內容的部落格也很有 SEO 效果。

我喜歡寫文章，所以想試著在部落格寫寫每天發生的事。

如果部落格寫得好，也能創造很強的 SEO 效果。

什麼都想寫！我原本是這樣想的啦……

可以在部落格寫的內容，與不可以寫的內容

開始寫部落格的時候，要先決定要寫的主題，如果是有助於 SEO 策略的主題以及方便替網站增加關鍵字的主題，那就更有效果。「吃了什麼」、「去了哪裡」這類類似日記的內容雖然也可以寫，但如果寫了很多這類與網站主題無關的內容，反而會造成反效果。

Google 很重視網站的**專業性**。美容院的店長喜歡吃拉麵，所以部落格都是拉麵的日記會有什麼結果？不寫拉麵，只寫剪頭髮的方法以及流行的髮型，才能提升屬於美容院網站的專業性。

是網站內部部落格比較好，還是外部部落格比較好？

要開始撰寫部落格之前，可先想想是要將部落格設置在自家網站內還是外部。部落格若設置在網站內部，有以下優點。

網站內部部落格的優點

- 可在網站累積內容

- 是自家公司的部落格文章,所以全部都是自己的財產

- 內容增加,頁面就跟著增加,關鍵字也同時增加

- 更新頻率較高,**Google** 的評價也比較高

- 更新頻率較高,**Google** 的網路爬蟲就比較會上門

網站外部部落格的優點如下。

網站外部部落格的優點

- 可張貼自家網站的連結

- 多一個網站,顧客就多一個造訪的入口。

- 使用痞客邦(**PIXNET**)或隨意窩(**Xuite**)這類免費部落格服務,免費部落格的使用者就更有機會造訪自家網站。

不管是內部部落格還是外部部落格,只要增加內容都會能創造 SEO 效果。

圖6-7-1 位置造成的差異

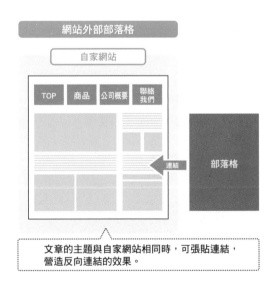

筆者的建議是採用內部部落格的方法,在自家網站增加內容。部落格不一定只能一個,可同時設立社長部落格、職員部落格、產品部落格、顧客意見部落格,總之請設立個性鮮明的部落格就對了。

圖6-7-2 設立多個部落格

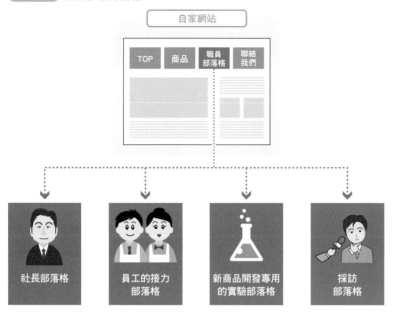

自家網站

社長部落格　員工的接力部落格　新商品開發專用的實驗部落格　採訪部落格

實例：每天更新的不動產部落格

「Dream One」是適合不動產公司使用的 CMS（內容管理系統），可隨時更新房屋資訊，也能輕鬆上傳部落格文章，同時還搭載流量分析功能，目標對象是日本全國的不動產公司。為了獲得新客戶，也為了向採用的不動產公司提供有用的資訊，社長每天都更新部落格。

「不動產網頁集客部落格」屬於網站內部部落格。「Dream One」的首頁會在較為搶眼的位置張貼連結，將訪客引導到部落格。

圖6-7-3 Dream One 的網站內部部落格

https://dreamone.co.jp/

什麼是適合 BtoB 的內容？

不同的購買流程需要不同的內容（BtoB 商品）

BtoB 商品就是以法人為對象的商品、服務。雖然與個人之間交易的商品或服務有很多不同，但最大的不同之處在於「購買流程」。讓我們將焦點放在 BtoB 商品的購買流程，想想看需要哪些內容吧！

我的夏威老珠寶是以一般顧客為對象的 BtoC 商品，但我也常常在想，說不定將來也能當成 BtoB 商品銷售。

夢想越來越大呢～

其實成為 BtoB 的法人可讓客戶一口氣購買大筆金額的商品。為了將來的發展，請告訴我 BtoB 的必學知識。

BtoB 與 BtoC 的差異

BtoB 是「Business to Business」的縮寫，指的是以法人為客戶的商業行為，而 BtoC 則是「Business to Customer」的縮寫，指的是以個人顧客為對象的商業行為。請大家先記住 B 就是商業（Business），C 就是消費者（Consumer）。BtoC 通常是個人購買，衝動性消費的情況也比較多，但 BtoB 卻有下列的特徵。

決定採買的人不只一個

負責人通常無法一個人決定採買，得先向上司說明，請上司做出決定。有些企業得先取得總務部、採購部的許可，連採買都會由另外的負責人進行。

需要制式的流程

每間企業都有自己的採買流程，例如向多間公司取得報價，編列預算，然後跑簽呈，這種流程也是拖長採買時間的原因之一。

購買商品的人與實際使用的人不同

例如購買公司專用的電腦或智慧型手機時，決定採買的是 IT 部門，但實際使用的卻是全體員工。

打造顧客體驗旅程地圖

一如前述，B to B 企業的採買會有下列特徵：

- 決定採買的不只一人
- 需要制定的流程
- 購買商品與實際使用商品的人不同

BtoB 需要更多的時間才能做出決定，所以需要更細心地說服對方，也需要在對方思考的時候提供適合的內容。

在擬訂戰略之際，能派上用場的就是**顧客體驗旅程地圖**（下一頁**圖 6-8-1**）。「顧客體驗旅程地圖」就是使用者到購買終點的流程。將使用者的每項行動依照時間順序排列，再思考使用者在每個時間點的情緒與想法，並且繪製成圖，就是「顧客體驗旅程地圖」。

一般來說，使用者會先從得知商品或服務存在的階段開始，然後依序經歷「有興趣→收集資訊、比較商品→購買」。

製作符合顧客體驗旅程地圖的內容

BtoB 當然也要利用 SEO 招攬客人，但之後的培養（Naturing）也必須一併考慮，因為 BtoB 比 BtoC 需要更多時間與討論才能做出最終決定。

所謂的培養，就是利用各種手段引導潛在客戶購買商品。製作顧客體驗旅程地圖就能根據使用者的購買流程提供更具體的內容。以**圖 6-8-1** 的顧客體驗旅程地圖為例，在顧客收集資訊的時候，建立「使用者應該會搜尋吧？」的假設，再思考使用者當下的「需求、情緒、想法」，預測使用者可能使用的關鍵字。

我們認為使用者會看到內容頁面的文章，所以必須討論要準備哪些內容，再準備一定數量的文章上傳至網站。讀了文章的使用者若是覺得認同，就有可能會進入顧客體驗旅程地圖的下一個階段。

BtoB 除了需要執行招攬客人的 SEO 策略，也必須事先準備後續培養顧客所需的內容。

MEMO //

不同的商品或服務，顧客體驗旅程地圖有可能會變得更複雜。請一邊在直軸追加或刪減個案研究，一邊繪製顧客體驗旅程地圖。

圖6-8-1 顧客體驗旅程地圖

流程	有興趣 ·······➤	收集資訊 ·······➤	比較商品 ·······➤	購買
各階段狀況	●替換系統的時間點	●調查各公司的新系統 ●調查競爭對手使用的系統	●比較功能 ●比較價格	●採用的方便性 ●採用的時間點
需求	●繼續使用原系統還是換新系統 ●是能解決目前問題的系統嗎？	●想了解最新系統 ●想調查更換系統的優缺點	●想與現狀比較 ●想了解解決問題的具體方案	●想節省成本 ●想知道採用時機點與安全性層面的問題
情緒／想法	●想解決目前的麻煩 ●時間越來越緊迫	●需要降低成本 ●重視功能	●解決方案是否妥善 ●員工是否能上手	●不想失敗 ●進一步確認
接觸點	●Facebook廣告 ●自家Facebook的文章 ●○○網站的橫幅廣告	●內容頁面的文章 ●商品頁面（A／B／C） ●白皮書	●實例的影片 ●電子郵件 （電子郵件廣告） ●自行舉辦的講座	●個人座談會 ●負責人
行動				

依各階段擬訂戰略

需要哪些內容？

流程	有興趣 ·······➤	收集資訊 ·······➤	比較商品 ·······➤	購買
需要的內容	●Facebook廣告 （兩種類型） ●Facebook文章 （二十天分） ●橫幅廣告內容 （一種）	●內容頁面的文章 （每個主題各8篇） ●商品頁面 （A／B／C） ●白皮書 （採訪報導4篇／問卷調查4份）	●實例的影片（將現有的影片上傳至YouTube） ●電子郵件 （電子郵件廣告） ※從腳本到新客戶檢視 ●自行舉辦的講座 （每個月舉辦／主題挑選／指派講師）	●個人座談會 （變更為每月舉辦／負責人） ●負責人

Chapter 7

分析網站

要成功執行 SEO 策略，以及有效率地執行，
就必須定期分析與檢視。
重複 Plan（計劃）→ Do（執行）→ Check
（評估）→ Act（改善）的循環並且持續
改善。

Lesson 7-1 | 定期評估

現在的順位是？
調查搜尋排名的方法？

SEO 策略需要時間醞釀才能發揮效果，很難在短時間內就站上搜尋結果的第一名，所以有必要觀察過程。定期調查搜尋排名，並且思考對策。

即使搜尋「夏威夷珠寶」，第一頁也沒有我的網站，第二頁、第三頁也沒有（哭）

一旦開始執行 SEO 策略，勢必會在意排名。要有長期抗戰的心理準備喲！

觀察過程，看看排名是上升還是下降也很重要。

注意個人化搜尋！利用瀏覽器確認排名

能最快知道搜尋排名的方法就是在自己的瀏覽器輸入關鍵字。

這時候有一項要注意的重點。假設已經登入 Google，Google 會為**使用者量身打造搜尋結果**，這就是「Google 個人化搜尋」。

個人化搜尋會受到**過去搜尋的關鍵字**與**目前所在位置的定位資訊**影響。之所以會顯示過去瀏覽過的網站以及符合興趣的搜尋結果，就是受到這個「個人化搜尋」的影響。

個人化搜尋對使用者而言是方便的功能，卻無法讓我們確認自家網站的正確排名。所以請先排除個人化搜尋的影響再搜尋。

私密瀏覽模式（無痕模式）的設定方法

各瀏覽器都有一般模式與私密瀏覽模式（無痕模式），而私密瀏覽模式（無痕模式）就是刪除瀏覽履歷與 Cookie 資訊的狀態。若想確認正確的搜尋結果，就請使用私密瀏覽模式（無痕模式）。Google Chrome 可點選畫面右上角的「新增無痕式視窗」，切換成私密瀏覽模式（無痕模式）。

圖7-1-1 Google Chrome 的無痕式視窗

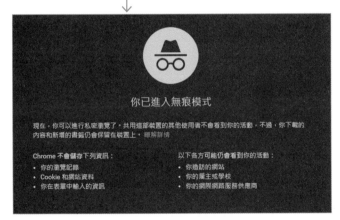

MEMO //

各瀏覽器的私密瀏覽模式（無痕模式）如下：

Internet Explorer：InPrivate 瀏覽模式

Firefox：Private Browsing 模式

Safari：Private 瀏覽模式

調查排名的網路工具

網路上有許多調查搜尋排名的工具，請以「搜尋排名 確認」、「搜尋排名 工具」搜尋看看。
例如在「SEO Cheki ！」、「搜尋排名 Checker」輸入要調查排名的網站 URL，再點選
「Check」鈕，就能顯示目前的搜尋排名。**想利用多個關鍵字調查當下的排名時，這些工具非常好用。**

圖7-1-2　SEO Cheki

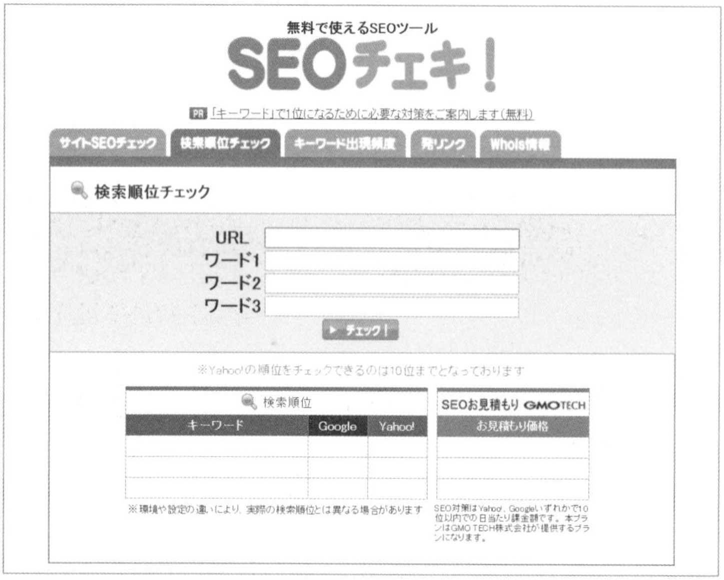

http://seocheki.net/

圖7-1-3　搜尋排名 Checker

https://the-allstars.com/tools/keyword/search/

網路上有許多可免費試用的 SEO 工具，請大家找出覺得適合自己的工具。

調查排名的本地端工具

「SEO Cheki！」之類的網站雖然是方便好用的網路工具，但一次能調查的關鍵字數量有限，也無法保留過去的排名。

如果在電腦安裝「Rankware」這類本地端工具，就能以大量的關鍵字調查排名，也能保留排名資料，當然就能確認搜尋排名何時上升，又在何時下降。

圖7-1-4 搜尋排名確認工具「Rankware」

https://myrankaware.com/

為了更有效率地經營網站

經營網站必需品
「Google Search Console」

比起建置網站，進入網站經營的階段後，要忙的事情反而更多，除了每天的經營（面對顧客）之外，還得進行分析、驗證與業績管理，而且與創建時一樣，得不斷新增商品，所以能交給工具處理的工作就利用工具處理，才是更有效率的方式。

啊啊～我都快昏了，要做的事太多，忙得手忙腳亂。

創建網站雖然辛苦，但開始經營後，要調查執行 SEO 策略之後的搜尋排名，也要確認業績，更要繼續開發新商品。

之前網站的連結遺失，業績一下子掉了好多。不知道有沒有人可以幫我看著網站呢？

要有效率地經營網站，就該把能交給工具的工作交給工具，經營者才能把心力集中在「只有人類才能做的工作」喲。

註冊免費監視工具「Google Search Console」

「Google Search Console」是 Google 提供的免費工具，可幫助我們監控與管理網站，也能利用 Google 搜尋結果幫我們最佳化網站的效能。

舉例來說：

- 網站的所有頁面是否都已經被製作成 **Google** 資料庫的索引？
- 造訪網站的使用者都以哪些關鍵字搜尋？
- 使用者搜尋時，自家的網站會以哪個關鍵字排在第幾名？

可以幫我們確認上述這類事情。也能幫我們監控網站是否有問題或錯誤，還能利用郵件通知問題。

圖7-2-1 Google Search Console

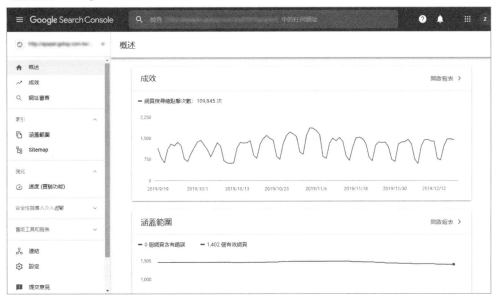

https://www.google.com/webmasters/tools/

建議利用 Google Search Console 確認的項目

Google Search Console 可監控許多項目，但我們很難每天確認這些項目。因此就以 SEO 的觀點說明五個重要項目。

網址審查

可告訴我們網站沒有主題標籤這類問題，或是有未製作成 Google 索引的內容。

搜尋分析

可告訴我們網站都以何種關鍵字被搜尋（query），也可以告訴我們網站在每個關鍵字的顯示次數，實際被點選了幾次，CTR 或關鍵字的搜尋排名為第幾名（**圖 7-2-2**）。

圖7-2-2 搜尋分析

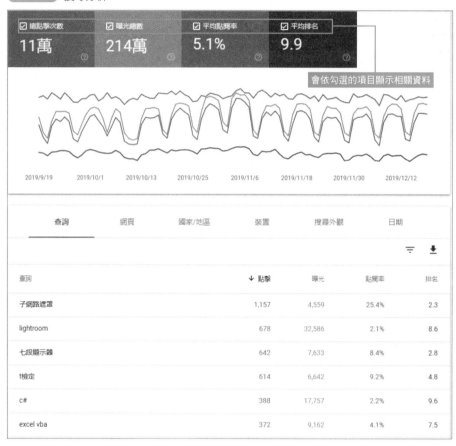

會依勾選的項目顯示相關資料

☑ 總點擊次數	☑ 曝光總數	☑ 平均點閱率	☑ 平均排名
11萬	214萬	5.1%	9.9

2019/9/19　　2019/10/1　　2019/10/13　　2019/10/25　　2019/11/6　　2019/11/18　　2019/11/30　　2019/12/12

查詢	網頁	國家/地區	裝置	搜尋外觀	日期

查詢	↓ 點擊	曝光	點閱率	排名
子網路遮罩	1,157	4,559	25.4%	2.3
lightroom	678	32,586	2.1%	8.6
七段顯示器	642	7,633	8.4%	2.8
t檢定	614	6,642	9.2%	4.8
c#	388	17,757	2.2%	9.6
excel vba	372	9,162	4.1%	7.5

MEMO

所謂的查詢指的是使用者使用的搜尋字眼，有的只有一個單字，有的是多個字眼組成的詞彙，有的甚至是一篇文章。

連至您網站的連結

可確認 Google 的網路爬蟲偵測到的連結數量。反向連結的數量增加是最理想的情況（**圖 7-2-3**）。

Google 索引

可知道被製作成 Google 索引的 URL 總數。只要網站持續增加頁面，這張圖表的趨勢就會往上才對。

圖7-2-3 這是來自其他網域的連結的頁面

確認反向連結的方法

圖 7-2-3 是從左側選單點選「**連結**」，再從右側報表「**熱門連結網站**」部分點選「**更多**」的結果。可從中確認反向連結的數量。

不要忘記定期確認「Google Search Console」，要成功執行 SEO 策略，就必須定期驗證成效。雖然以各種方式執行 SEO 策略很重要，但只有確認每一個策略的成效，才能將經驗活用於下一個策略的執行。

Lesson 7-3 利用流量分析改善網站

分析工具「Google Analytics」

即使站上搜尋排名第一名，業績與造訪次數沒有上升，就沒有任何實質意義可言。SEO 的目標不是為了在搜尋排名第一名，而是站上第一名後能得到更多顧客的關注，如此一來，顧客才會造訪網站，才有下一步的行動。為了知道網站的造訪人數與頁面瀏覽率，請務必採用 Google Analytics。

我的努力總算開花結果，利用各種關鍵字搜尋後，我的網站都是第一名耶！

那麼造訪次數有上升嗎？

是有上升，但幾乎都是從 Facebook 來的朋友……

那利用 SEO 的關鍵字搜尋而來到網站的人有多少呢？讓我們調查看看吧！

▌什麼是網站經營者的必備工具「Google Analytics」？

「Google Analytics」是 Google 提供的免費流量分析工具，採用後，就能分析與確認使用者在網站的行動。

比方説：

- 造訪網站的人數有多少？
- 造訪網站的人都瀏覽了幾頁？
- 造訪網站的人都來自何處？

- 用電腦瀏覽的人多？還是用智慧型手機瀏覽的人多？
- 使用者都從哪個網頁移動到哪個網頁？

能隨時知道上述這些問題的答案。

在網站公佈之後一定要採用的工具就是「**Google Analytics**」。

圖7-3-1 Google Analytics

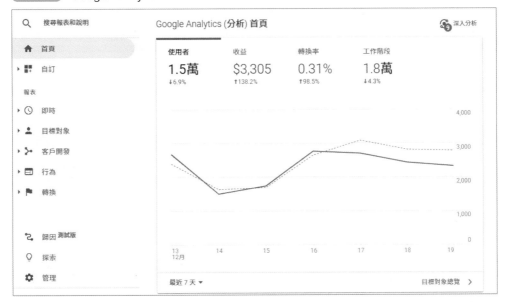

https://analytics.google.com/

需要確認的 SEO 項目

Google Analytics 可取得非常繁瑣細膩的資料，所以不太可能全部確認一遍。建議大家根據網站的經營方針，找出應該確認的項目就好。

這次就從 SEO 的觀點，説明哪些是需要確認的項目。

讓我們先打開 Google Analytics 的「**客戶開發➡所有流量➡管道**」（**圖 7-3-2**）的介面。這個介面可告訴我們使用者來自何處。

若是 SEO 成效不錯的網站，**Organic Search**（自然搜尋）的流量應該會比較高。

圖7-3-2 「客戶開發➡所有流量➡管道」報表

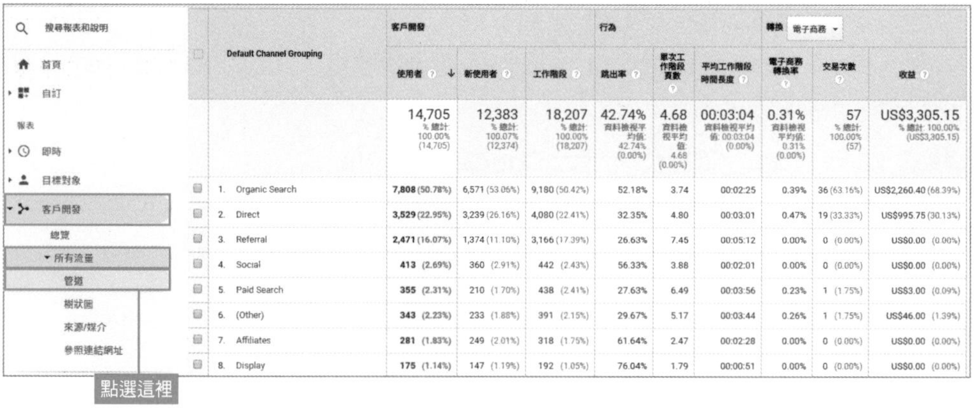

圖表中項目代表的定義如下：

- **Organic Search**：來自 **Google** 或 **Yahoo!** 這類搜尋引擎的流量
- **Direct** ：來自直接輸入 **URL** 或我的最愛的流量
- **Referral** ：來自其他網站連結的流量
- **Social** ：來自 **Facebook** 或 **Twitter** 這類社群網站的流量
- **Paid Search** ：來自列表廣告的流量
- **Display** ：來自展示型廣告的流量

點選「**客戶開發➡所有流量➡來源 / 媒介**」就能得知所有的自然搜尋都是從哪些搜尋引擎而來（例如 Google、Yahoo!）（**圖 7-3-3**）。

圖7-3-3 「客戶開發➡所有流量➡來源 / 媒介」報表

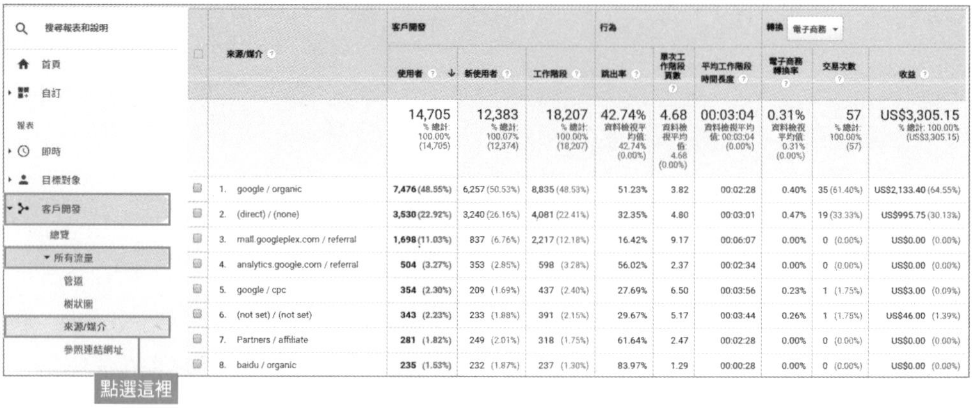

利用「到達網頁」確認使用者最先瀏覽的網頁

就 SEO 的觀點而言，還有一張希望大家多看看的頁面。讓我們一起確認「**行為➡網站內容
➡到達網頁**」的內容吧（**圖 7-3-4**）。

圖7-3-4 「行為➡網站內容➡到達網頁」報表

到達網頁指的是使用者最新瀏覽的網頁。確認 Google Analytics 的「到達網頁」就可以知
道每張到達網頁的客戶開發狀況（工作階段、新工作階段百分比、新使用者）。如果你替每
個關鍵字寫專欄，使用者利用關鍵字搜尋之後，就很有可能直接連往專欄的頁面。

假設能透過 **SEO** 策略營造長尾關鍵字的效應，理論上使用者會從各種頁面進入網站。

COLUMN ○ ○ ○ ○ ○ ○ ○ ○ ○ ○

讓 Google Analytics 與 Search Console 整合

Google Analytics 與 Search Console 都是執行 SEO 策略的必需工具，若能讓兩者建立互動管理，就能在 Google Analytics 的畫面確認 Search Console 的部分資訊。

在還沒有建立連動管理的狀態下，點選 Google Analytics 的「**客戶開發➡ Search Consle ➡查詢**」，就會顯示「必須啟用 Search Console 整合才能使用此報表」的訊息（**圖 7-3-A**）。

圖7-3-A 與 Search Console 整合

關於如何透過 Google Analytics（分析）存取 Search Console 資料的操作，可參考以下網址的說明：

https://support.google.com/webmasters/answer/1120006

Lesson
7-4

總結初學者應該了解的功能

了解「Google Analytics」的全貌

Google Analytics 是網站經營者必備的工具,也因為能取得各種面向的資料,所以得事先決定要注意的重點。這裡就為大家簡單說明一下 Google Analytics 必須了解的部分。

> 要是沒有來自網站的問題,我就很擔心「有人造訪網站嗎?」

> 哪個頁面有幾個使用者瀏覽,哪個使用者又瀏覽了幾個頁面,而且是從哪個頁面離開,這些都可以確認喲。

> 是使用 Google Analytics 嗎?到底該從哪裡看起呢?請先告訴我 Google Analytics 的概要吧!

利用「目標對象→總覽」確認使用者的概要

點選「**目標對象➡總覽**」可進入「使用者 總覽」畫面,在此可了解造訪網站的使用者的全貌(**圖 7-4-1**)。各項目的意義如下。

工作階段

工作階段就是造訪網站的次數。同一位使用者造訪兩次的話,工作階段就是「2」,造訪十次就會是「10」。

使用者

這是造訪網站的使用者人數。即使同一位使用者造訪 2 次、3 次,這個項目的數量一樣會是「1」。

網頁瀏覽量

這是使用者瀏覽頁面的數量。假設某位使用者只瀏覽一頁就離開,此時的網頁瀏覽量就為「1」,如果瀏覽了十頁,工作階段為「1」,但網頁瀏覽量卻為「10」。其他還可以確認跳出率、單次工作階段頁數、新使用者與舊使用者的比例。

讓我們一起確認使用者 ➡ 總覽的內容,了解使用者的概要。

圖7-4-1 使用者總覽

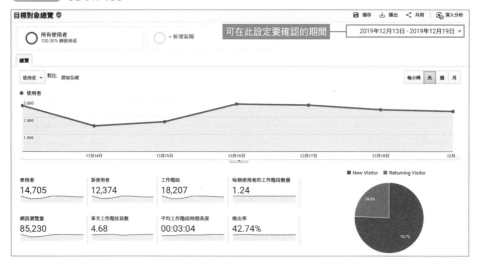

在「客戶開發→總覽」確認使用者來自何處

點選「**客戶開發 ➡ 總覽**」可進入「轉換總覽」畫面,在此可了解造訪網站的使用者都來自何處。客戶開發報表的重點請參考 Lesson 7-3 分析工具「Google Analytics」➡ P.240。

圖7-4-2 轉換總覽

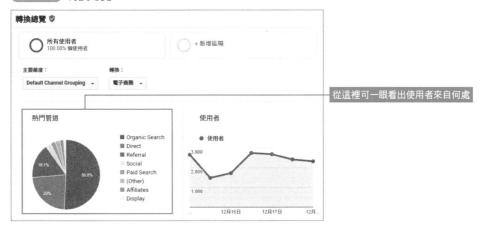

從這裡可一眼看出使用者來自何處

在「行為→總覽」確認使用者的行為

點選「**行為➡總覽**」可進入「行為總覽」畫面，在此可了解使用者在網站裡的行為（**圖 7-4-3**）。

圖7-4-3 行為總覽

網頁瀏覽量	不重複網頁瀏覽量	平均網頁停留時間	跳出率	離開百分比
85,230	54,712	00:00:50	42.74%	21.35%

網站內容		網頁		網頁瀏覽量	% 網頁瀏覽量
網頁	▶	1. /home	⌕	14,710	▉ 17.26%
網頁標題		2. /store.html	⌕	5,517	▍ 6.47%
Brands (內容群組)		3. /google+redesign/apparel/mens/quickview	⌕	5,191	▍ 6.09%
Product Categories (內容群組)		4. /basket.html	⌕	4,701	▍ 5.52%
Clothing by Gender (內容群組)		5. /store.html/quickview	⌕	4,081	▍ 4.79%
站內搜尋		6. /google+redesign/apparel/mens	⌕	3,678	▍ 4.32%
搜尋字詞		7. /google+redesign/new	⌕	2,567	▏ 3.01%
事件		8. /signin.html	⌕	2,153	▏ 2.53%
事件類別		9. /google+redesign/apparel	⌕	2,078	▏ 2.44%
		10. /google+redesign/shop+by+brand/youtube	⌕	2,018	▏ 2.37%

查看完整報表

瀏覽次數較高的頁面會由高至多排列。各項目的意義如下。

平均網頁停留時間

從使用者瀏覽某個頁面到離開網站的時間稱為停留時間，平均網頁停留時間就是使用者停留在該網頁的平均時間。平均網頁停留時間越長，代表使用者越有可能讀到網頁內容的結尾處。

跳出率與離開百分比

不管是跳出率還是離開百分比，都代表使用者從該網頁離開網站的比率。跳出率是只看了該頁面就離開網站的比例，離開百分比則是看了多張網頁，然後最後在該頁面離開的比例。我們必須努力降低跳出率與離開百分比。分析行為總覽可找出各頁面有待改善的部分。

舉例來說，首頁應該是新使用者最多的頁面，因為首頁的功能在於「將使用者引導到目標頁面」，如果首頁的跳出率太高，代表首頁藏有「使用者找不到目標頁面」、「使用者看了 First View 的內容就離開」的問題。一般來說，停留時間越長越好，但首頁的停留時間太長，就有可能是因為「使用者找不到下一張該看的頁面」、「使用者不懂首頁的設計」。

那麼價格頁面的情況又如何？使用者通常會為了判斷價格而看很多張價格頁面，所以在看了一定數量的價格頁面之後，才切換到「聯絡我們頁面」的使用者是最理想的使用者。如果停留時間太短，離開百分比太高，代表價格本身有問題（太貴），或是價格頁面的編排不明朗。

利用行為流程了解瀏覽路線

點選「行為➡行為流程」，可了解使用者進入網站之後，前往哪個頁面，之後又前往哪個頁面的路線（圖 7-4-4）。如果在建置網站的時候，就有預先規劃使用者的動線，日後就能在此以充滿視覺效果的報表觀察使用者是否依照該動線瀏覽。一起了解使用者的行為，進而改善網站的缺點。

圖7-4-4 行為流程

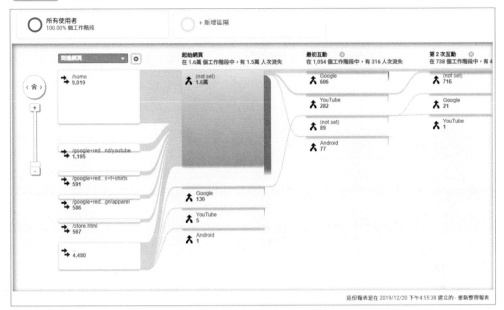

所有使用者
100.00% 個工作階段

+ 新增區隔

到達網頁

起始網頁
在 1.6萬 個工作階段中，有 1.5萬 人次流失

最初互動
在 1,054 個工作階段中，有 316 人次流失

第 2 次互動
在 738 個工作階段中，有 4

/home
9,019

(not set)
1.6萬

Google
606

(not set)
716

YouTube
282

Google
21

(not set)
89

YouTube
1

Android
77

/google+red...nd/youtube
1,195

/google+red...s+t+shirts
591

/google+red...gn/apparel
586

Google
130

/store.html
567

YouTube
5

4,480

Android
1

這份報表是在 2019/12/20 下午4:55:38 建立的 - 重新整理報表

在「轉換」確認成果

「轉換」指的是達成網站的目標。以電子商務網站為例，業績就是網站的目標。如果是非商務的網站，可將網站目標設定為希望使用者索取資料、洽詢或申請參加講座。

網站經營者必須先在 Google Analytics 設定「轉換」。

設定「轉換」之後，就能在日後經營網站的過程中，確認目標達成率或是達到目標之前，還需要多少位使用者。

Lesson **7-4**

了解「Google Analytics」的全貌

Lesson

7-5

抱著長遠的眼光，每天認真的經營吧

利用 SEO 策略分析、改善網站的思維

請不要在搜尋排名過於糾結，要以長遠的眼光看待網站，並且以綜觀全局的角度分析、改善網站的經營。持續為了顧客的幸福而改善，終有一日能在 SEO 策略開花結果。

> 我實在很不擅長反省（笑），所有精神都放在網站的製作上了…

> 網站一旦開始經營，每天面對客人以及製造新內容（包含商品）就忙得不可開交了吧！

> 如果不要求自己一週一次或一個月一次分析與改善網站，就不會有時間做這件事。

搜尋排名需要時間的醞釀才會往上爬

即使開始執行 SEO 策略，搜尋排名也不可能立刻往上爬，所以請花三個月到一年的時間，一步一腳印地慢慢執行。

尤其是大關鍵字或是競爭對手眾多的關鍵字，搜尋排名更是會上上下下地變動。告訴自己「SEO 是長期抗戰」，設定「長期的作戰計畫」，然後執行「每日策略」。

比方說，先找出 60 個關鍵字，然後訂下「一年內，要讓這 60 個關鍵字裡面的 30 個進入搜尋結果的前十名」這種年度目標。為了執行這項長期計劃，就必須擬訂「每個月為五個關鍵字撰寫新專欄再上傳網站」的「每日策略」（**圖 7-5-1**）。

圖7-5-1 定期更新計劃表

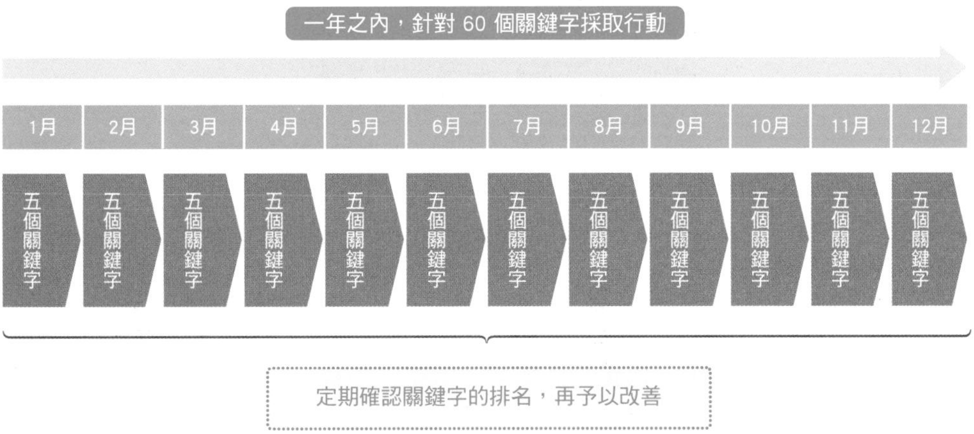

一年之內，針對 60 個關鍵字採取行動

1月	2月	3月	4月	5月	6月	7月	8月	9月	10月	11月	12月
五個關鍵字	五個關鍵字	五個關鍵字	五個關鍵字	五個關鍵字	五個關鍵字	五個關鍵字	五個關鍵字	五個關鍵字	五個關鍵字	五個關鍵字	五個關鍵字

定期確認關鍵字的排名，再予以改善

搜尋排名遲遲無法上升的頁面該如何處置？

上傳新內容也不一定就能讓該頁面的排名往上走，也有可能會：

- 總是排在好幾頁搜尋結果之後
- 總是擠不進前五十名
- 雖然曾經擠進第一頁，卻又很快被踢出去

上述這些是執行 SEO 策略時，非常常見的煩惱。建議大家上傳頁面之後，還是要時時維護頁面的內容，不要就此放著不管。某個網站曾經對所有的商品頁面追加「FAQ 專欄」與「顧客意見」，細心地「維護」每一張商品頁面（**圖 7-5-2**）。

充實頁面內容，就能改善搜尋結果的順位。

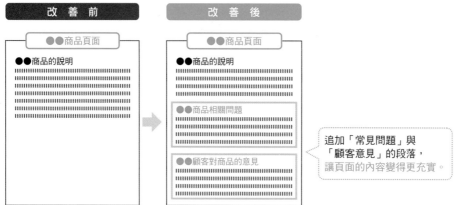

圖7-5-2 商品頁面的改善

改善前
●●商品頁面
●●商品的說明

改善後
●●商品頁面
●●商品的說明

●●商品相關問題

●●顧客對商品的意見

追加「常見問題」與「顧客意見」的段落，讓頁面的內容變得更充實。

成為搜尋結果第一名不是終極目標

太執著於執行 SEO 策略，可能會變得只重視搜尋結果的排名，此時可是危機四伏。

原本的初衷到底是什麼？**增加網站的訪客，讓顧客購買商品，讓顧客成為熟客（成為愛用者）** 才是網站原本的目的不是嗎？

圖7-5-3 讓顧客成為忠實的愛用者

客戶開發	購買	再次購買
網站	網站	網站

第二次！　第五次！　第三次！

SEO 不過是「增加網站訪客」的策略之一。別讓自己過於在意 SEO 的搜尋排名，而忘記提升業績與培養熟客。

Lesson 7-6

王道的 SEO 是邁向成功的捷徑

白帽 SEO 與黑帽 SEO

為了替網站開發客戶，當然得執行 SEO 策略，可是要站上搜尋排名第一名可沒那麼簡單。若是不分青紅皂白地接受網路上的資訊與「成為搜尋排名第一名」這類經驗談，有可能會誤入陷阱。請大家千萬別忘了這點喔。

我有種總算了解什麼是正確的 SEO 的感覺。

就是不要只想著提升搜尋排名，而是要為顧客著想對吧。

就是這樣，為顧客著想的 SEO 才有可能讓搜尋排名提升，也才能帶來真正的業績。

白帽 SEO 與黑帽 SEO

圖7-6-1 兩種類型的 SEO

蛤？為使用者著想？幹嘛那麼費事，搜尋排名才是一切啦～

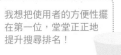

我想把使用者的方便性擺在第一位，堂堂正正地提升搜尋排名！

253

白帽 SEO

白帽 SEO 指的是依照 Google 網站管理員指南（品質指南），把使用者擺在網站經營的第一順位，搜尋排名因此提升的**王道 SEO**。

黑帽 SEO

反觀黑帽 SEO 則是忽略使用者，只想著提升搜尋排名的 SEO 策略，由於是**忽略使用者方便性的 SEO 策略**，所以 Google 不會給予高分。

直到前幾年之前，都還看得見欺瞞 Google 網路爬蟲的 SEO 策略，例如植入許多來自劣質網站的連結，或是購買連結的外部策略。有些網站則是以複製 & 貼上的方式大量增加網站內部的內容，或是大量增加不具參考價值的劣質內容，這些都是黑帽 SEO 的一種。

▍遵守網站管理員指南（品質指南）吧！

Google 曾在「品質指南」（https://support.google.com/webmasters/answer/35769）發表下列有關品質的基本原則。

> ❝ 基本原則
>
> - 網頁製作的重心是滿足使用者，而不是搜尋引擎。
>
> - 請勿欺騙您的使用者。
>
> - 避免使用不實花招，以狡詐手法提高搜尋引擎排名。有一個有效的經驗法則，您可以自問是否能夠坦然地向競爭的網站或 Google 員工說明您對網站採取的行為。此外，您還可以自問：「這對我的使用者有實質幫助嗎？如果沒有搜尋引擎這種工具，我還會這麼做嗎？」
>
> - 想想您的網站有哪些獨特、值得瀏覽或引人入勝之處，致力營造這些特色，就能讓您的網站在相關領域中脫穎而出。

意思是欺騙 Google 的 SEO 策略，就是欺騙使用者，與使用者為敵。根據「品質指南」經營追求使用者方便性的網站，才是最正確的 SEO 策略。即使 SEO 策略的成效不彰，也請把使用者放在第一位，每天認真地經營網站。

汲取最新資訊

網路世界的變化可說是日新月益，請不斷汲取最新資訊。建議大家定期確認「Google 網站管理員官方部落格」，掌握 Google 的最新資訊，也要時時確認有關 SEO 的新聞。

圖7-6-2 Google Webmaster Central Blog

https://webmaster-tcn.googleblog.com/

Google 常利用網站或影片發表方針與想法，也陸續公開演算法的調整、新服務與新功能。請直接**取得 Google 發表的資訊**，並且在網站的經營應用。

將 Google 的官方網站看一遍，其實可學到不少東西，也可了解 Google 在想什麼，以及在努力什麼。

- **Google 的公司概要**
  https://about.google/

- **Google Taiwan Blog**
  https://taiwan.googleblog.com/

- **Google 的服務**
  https://about.google/products/

搜尋引擎的世界或許會**從 Google 優先主義開始改變**，所以我們要更敏銳地判讀網路世界的資訊以及社會的動態。

與 SEO 有關的報導（內容的重要性）有時會登上新聞頭版。SEO 是日常生活與網路世界的橋樑與入口。除了業界的新聞之外，讓我們一起掌握全世界的動向吧！

Appendix

SEO
用語集

這裡為大家整理了內文提及的 SEO 用語。
除了解說用語的意義，也附加了一些小建
議。建議大家在收集資訊時，不要抗拒專業
用語，而是要先把相關文件讀過一遍。

SEO 用語集

英文字母與數字

301 轉址
避免重複內容而使用標籤的行為。重複內容不利 SEO 策略的執行，使用 301 轉址可強制瀏覽重複內容的使用者前往特定頁面。

Amazon 的 SEO
Amazon 自製的搜尋引擎稱為「A9」。雖然沒有公開演算法，但一般認為，與商品資訊、銷售個數、庫存時、購買按鈕頁面瀏覽率、評論率有關。與 Google SEO 策略的相同之處在於要在商品資訊放入具體的關鍵字，以及將商品資訊寫得顧客一看就懂。此外，比起多筆的評論，★較高的評論才能獲得較高的分數。

canonical
canonical 是解決重複內容的標籤。重複內容不利 SEO 策略的執行，所以可利用 canonical 標籤標準化 URL。

CMS
Content Management System（內容管理系統）的縮寫。不具備 HTML 或 CSS 專業知識，也能管理與更新網站的系統，最有人氣也最具代表性的系就是 WordPress。

CSS
CSS 是 Cascading Style Sheets（層疊樣式表）的縮寫，與 HTML 搭配使用可編輯網頁的設計，例如可調整文字大小、變更顏色與背景，還可調整行距。

CTR
Click Through Rate 的縮寫，中文譯成「點擊率」，指的是顯示次數除以點擊次數的比例。從 SEO 的角度來看，就是自然搜尋的次數除以點擊次數的比例。

Fetch as Google
透過 Google Search Console 通知 Google 網路爬蟲新頁面（URL）的功能。

Google AdWords
Google Adwords 是 Google 提供的列表廣告，會於搜尋結果顯示與關鍵字對應的廣告。由於會隨著點擊次數收費，所以又稱為點擊付費式廣告、PPC（Pay Per Cost）。除了會在 Google 搜尋結果刊登，也會在與 Google 合作的網站或部落格刊登。

Google Search Console
是 Google 提供的免費工具，可幫我們了解 Google 如何看待我們的網站，確認網站是否被編入 Google 的索引。可確認每個搜尋查詢（使用者用於搜尋的關鍵字）的顯示次數、點擊率、刊載順位，也能從 Google 取得搜尋流量、爬取狀況、廣告活動這類與 SEO 有關的資訊，可説是執行 SEO 策略的必備工具。

Google Suggest
一如 Suggest 代表的「建議」、「暗示」，這是在 Google 搜尋方塊輸入關鍵字，顯示下個潛在關鍵字的功能。從 Google Suggest 找出關鍵字，可得到執行 SEO 策略的應對。

Google 我的商家

這是 Google 提供的商家資訊服務。註冊相關資訊之後，自家商店的資訊就比較容易在 Google 搜尋結果或 Google 地圖顯示。可從管理畫面確認客戶開啟資訊，也能自行創建網站。若想在本地 SEO 有所成效，不妨在 Google 我的商家註冊。

Hash Tag

是 Twitter 或 Instagram 這類社群網站用於搜尋的標記，可利用「#」（hast tag）搭配關鍵字推文。Hash Tag 可讓搜尋更加流暢，也能與興趣相近的使用者分享資訊。

HTML

Hyper Text Markup Language（超文本標記語言）的縮寫，是用於建置網頁的標記語言之一。超文本就是「內嵌超連結的文本」，其中的超連結可輕鬆建立頁面之間的連結。網路上的網站都是利用超連結建置，主流的標記語言則是「HTML」。早期需要背景知識才能建置網站，但網站製作軟體或 WordPress 出現之後，不具備 HTML 知識也能建置網站了。

Instagram 搜尋

Instagram 是以照片為主要溝通方式的社群網站。主要是以智慧型手機原生程式為主，許多使用者也開始在 Instagram 搜尋餐廳、咖啡廳、觀光聖地、美食、時尚服飾這類上鏡的東西。這種搜尋圖片的行為稱為「視覺搜尋」。

MEO

是 Map Engine Optimization 的縮寫，中文譯成地圖引擎最佳化。在 Google 搜尋時，有時會顯示地圖資訊，而讓自家門市站上這種搜尋結果的前幾名就稱為 MEO。

nofollow

告訴 Google 這類搜尋引擎「不要來這個連結」的標籤。來自 Facebook、Twitter 這類社群網站的連結通常都設定了 nofollow，所以沒有反向連結的效果，但可增加造訪網站的使用者，所以建議多使用社群網站。

noindex

不希望網頁被編入 Google 這類搜尋引擎的索引時，可使用這個標籤。標記「noindex」的 URL 基本上不管用什麼關鍵字搜尋，都不會在搜尋結果的頁面出現。使用方法就是在 HTML 的 head 標籤嵌入下列的標籤。
<meta name="robots" content="noindex" />

RankBrain

指的是 Google 的 AI（人工智慧）。用於決定 Google 搜尋排名的「演算法」。根據 Google 的發表，使用 RankBrain 的演算法是繼內容、反向連結之後，第三重要的元素。RankBrain 會利用深度學習自動分析使用者搜尋的關鍵字，了解使用者的「搜尋動機」，再顯示使用者想要的搜尋結果。

SEO

Search Engine Optimization（搜尋引擎最佳化）的縮寫，指的是利用特定關鍵字讓自家網站進入搜尋結果前段班（第一頁的上面）的策略。

SSL 加密通訊

SSL 是 Secure Socket Layer 的縮寫，是替網路通訊加密的技術，可避免資料被竊取、竄改，也能避免釣魚網站。網址以「https://」為首的網站代表已採用 SSL 技術。

Twitter 搜尋

指的是分享字數少於 140 個的「推文」的社群網站。以智慧型手機原生程式為主，越來越多人將 Twitter 當成搜尋引擎使用。在希望被搜尋的關鍵字加上「#（升記號）」再推文，可得到不錯的效果。

WordPress

是全世界普及的免費 CMS，以「HTML 或 CSS 這類專業知識就能更新網站」為賣點，讓使用者以更新部落格的方式更新網站。由於是有利於 SEO 的構造，所以不妨利用 WordPress 建置網站。

XML 網站地圖

指的是記載網站內部 URL 的 XML 檔案。與專為使用者製作的網站地圖不同，是專為 Google 網路爬蟲製作的網站地圖，網路爬蟲也能按圖索驥，了解網站的構造與內容。在 Google Search Console 新增 XML 網站地圖，可早日讓網路爬蟲光臨自家網站。若想提升可爬性，就一定要製作這種網站地圖。

Yahoo! 新聞

日本最大的入口網站，若能登上 Yahoo! 新聞的版面，就能得到更多關注，造訪自家網站的使用者也可能一口氣大增。為了登上 Yahoo! 新聞的版本，最好在製作內容時，顧及主題是否具備季節性、話題性、新聞性。為了讓更多人看到你製作的內容，也必須讓內容在社群網站擴散。

YouTube 搜尋

越來越多使用者將 YouTube 這個全世界最大的影音分享網站當成搜尋引擎使用。「～的做法」、「～的方法」這種 Know-How 類型的搜尋較多。

4 劃

內容 SEO 策略

指的是在網站刊載優質內容，讓網站進入搜尋排名前幾名的策略。這項策略之所以成立，在於 Google 會對實用的內容給予高度評價，也是決定網站排名的因素之一。認知到實用的內容會影響搜尋排名（SEO），然後認真執行內容 SEO 策略是非常重要的一步。

內部連結

指的是網站內部的連結。正確張貼內部連結的網站可讓 Google 的網路爬蟲更流暢地遊覽整個網站，使用者也能輕鬆地抵達想去的頁面，也有助於提升平均停留時間與及頁面瀏覽率。

5 劃

可爬性

對 Gooogle 網路爬蟲而言，網站方便遊覽的程度稱為「可爬性」。要提升可爬性就要正確張貼連結，也要將 XML 網站地圖上傳至 Google Search Console，或是利用麵包屑導航替網路爬蟲導航。可爬性的優劣直接影響 SEO 策略的成效。

外部連結

網域不同的網站之間互相張貼的連結就稱為「外部連結」。適當地張貼了連結的網站可讓 Google 的網路爬蟲更快巡覽網站。張貼連結的重點在於讓使用者快速找到需要的網頁。

平均瀏覽頁數

是單位使用者於單次造訪瀏覽幾張網頁的指標。要提高平均瀏覽頁數不能只是張貼連結，必須思考「使用者下一張想看的網頁是哪裡呢？」的路線。此外，內容如果很無聊，使用者就很可能會離開網站，所以提升內容的品質也能提升平均瀏覽頁數。平均瀏覽頁數提升代表使用者於單次造訪瀏覽了大量的頁面，也代表取得使用者的信任，當然就有可能與經營者聯絡或是購買商品。

本地 SEO 策略

指的是重視地區性搜尋的搜尋引擎對策。例如希望自己的網站能在以「新宿 居酒屋」、「神田 義大利餐廳」、「池袋 電影」、「英語會話 大宮」這類關鍵字搭配地名的搜尋方式擠進搜尋結果前幾名時，就必須在網站記載正確的公司地址、電話號碼與服務內容，若能進一步註冊 Google 我的商家，就能更輕鬆地執行本地 SEO 策略。

白帽 SEO

遵循 Google 網路管理員指南（品質指南）的指示，秉持使用者為第一優先的網站經營方式，讓搜尋排名持續提升的王道 SEO。

6 劃

列表廣告

在 Google 或 Yahoo！的搜尋結果頁面刊登的廣告。因為會依照關鍵字顯示對應的廣告，所以又稱為「動態搜尋廣告」，也因為是依照點擊次數收費，所以又稱為「PPC（Pay Per Click）廣告」。完成申購手續即可顯示廣告之外，這種廣告屬於競標制，所以可控制廣告預算，若能搭配 SEO 策略，將可更有效率地開發客戶。

自動完成功能

方便使用者搜尋的功能，Google 也內建了這項功能。會根據過去輸入的內容與記錄，在搜尋方塊或輸入表單提示後續的輸入內容。

自然連結

使用者對內容滿意、贊同，而幫忙張貼的連結是最有價值的連結，而這種使用者主動幫忙張貼的連結就稱為自然連結，也稱為有機連結。自行增設多個部落格，在自家網站張貼連結，購買的連結都是刻意的行為，所以這種連結也無法稱為自然連結。提供使用者覺得實用、有用的文章或資訊才是 SEO 的王道。優質內容一定能到使用者賞識，也一定會有使用者願意幫忙張貼連結。

自然搜尋

指的是除了廣告（列表廣告）之外，在搜尋結果出現的網站，又稱為有機搜尋（Organic Search）。

行動裝置友善性

行動裝置友善性是指在智慧型手機這類行動終端顯示網站時，也能「輕鬆瀏覽與使用」的意思。

行動裝置友善演算法更新

Google 於 2015 年 4 月進行的演算法更新，可讓行動裝置友善的網站因為行動終端的搜尋而提升搜尋排名。要注意的是，這項演算法只影響行動裝置搜尋的結果，非行動裝置友善的網站不會因為這項演算法的更新，導致在電腦搜尋的排名下降。話說回來，既然 Google 如此重視網站是否具有行動裝置友善性，今後也一定要讓網站支援行動裝置的瀏覽。

行動裝置優先索引

這是 Google 為了重視行動裝置的搜尋而推出的搜尋排名方針。根據這項方針的內容，行動裝置友善的網站比較有機會進入搜尋排名的前段班。這項方針是於 2016 年 11 月發表，目前也已經採用。

7 劃

每月平均搜尋量

根據 Google AdWords 的說明頁面，每月平均搜尋量的意思是「在指定的目標設定與期間內，關鍵字與其他類似模式被搜尋的平均次數。預設會顯示十二個月的平均搜尋次數」。基本上，只要解釋成「該關鍵在一個月之內被搜尋了幾次」即可。每月平均搜尋量較高，代表該關鍵字的需求性也較高，當然也有可能是競爭激烈的關鍵字。

9 劃

威尼斯演算法更新

根據使用者的定位資訊顯示搜尋結果的演算法。以搜尋「午餐」為例，Google 會確認使用者的定位資訊，再於搜尋結果頁面顯示使用者周邊的「午餐」資訊。隨著智慧型手機普及，這類地區性搜尋的傾向越來越強，本地 SEO 策略也漸漸受到重視。

查詢

指的是使用者用於搜尋的字眼，有的只有一個單字，有的則是由多個單字組成，甚至有可能是一篇文章。英文為 Query，意思為「查詢」，可解讀成使用者對網路這個巨大的資料庫進行查詢。Google Search Console 可幫助我們了解使用者是以哪個關鍵字造訪自家網站。

重複內容

指的是內容相同或重複部分過多的內容，通常會被歸類為品質低劣的內容，也可能會導致搜尋排名下降。

10 劃

個人化搜尋

指的是 Google 為每位使用者量身打造搜尋結果的功能。當使用者以特定的關鍵字搜尋，Google 會根據使用者的定位資訊、搜尋歷程、瀏覽過的網站提供量身打造的搜尋結果。若不希望這類個人資訊被 Google 使用，可將瀏覽器設定為無痕模式或私密模式。

索引機器人

是網路爬蟲、索引機器人、搜尋機器人這類搜尋引擎機器人之一。索引機器人會針對網路爬蟲找到的網站資料分析每一頁的關鍵字、內容、字數、圖片與連結的張貼方式，再新增至 Google 的資料庫。

13 劃

搜尋機器人

泛指網路爬蟲、索引機器人、搜尋機器人這類搜尋引擎機器人。任務是搜尋與關鍵字高度相關的網站以及為使用者提供最佳網站。

12 劃

14 劃

智慧型手機原生世代

是指智慧型手機普及的社會成長的世代，熟悉智慧型手機更勝於電腦，最明顯的特徵在於完全融入以社群媒體溝通的模式。

演算法

搜尋引擎決定搜尋排名的規則。Google 從各種角度評估網站再進行排名。據説只有少數的 Google 員工知道演算法的細節。

智慧音箱

搭載 AI（人工智慧）的對話型音箱。可幫忙搜尋網路或操作家電。「Google Home」、「Amazon Echo」、「Clova WAVE」、「Apple HomePod」、「Harman Kardon Invoke」都是曾引起話題的智慧音箱，可想而知，今後語音搜尋的場景一定會逐步增加。語音搜尋的便利性將使搜尋頻率提高，使用者也能以一般的句子搜尋。

熊貓演算法更新

這是檢驗內容品質的演算法。日本於 2017 年 7 月採用，日後也持續更新。具體的品質檢驗項目為「內容是否從其他公司的網站複製的？」「相同內容的頁面有沒有很多張（重複內容）？」「是否為字數極少，對使用者毫無益處的頁面？」。

網站管理員指南（品質指南）

Google 提供網站管理員參考的網站經營指南。除了刊載 Google 的基本原則，也具體刊載不適當的網站經營方式。遵守這個指南的網站經營方式才是王道的 SEO 策略。

視覺搜尋

指的是圖片的搜尋。利用 Instagram 這類圖片分享軟體搜尋的使用者，會以圖片收集資訊。圖片較直覺、較簡單易懂，也較有想像空間，同時也不需要閱讀文字，所以視覺搜尋的使用者也越來越多。

黑帽 SEO

專指不考慮使用體驗，以提升搜尋排名為主的 SEO 策略。由於忽略了使用者的方便性，所以 Google 不會予以好評。讓我們一起執行白帽 SEO 吧！

附錄

SEO 用語集

網路爬蟲

網路爬蟲、索引機器人、搜尋機器人這類搜尋引擎機器人的其中一種，主要是從全世界的網站搜尋 HTML 原始碼、PDF、Word 這類檔案連結、圖片、JavaScript 產生的連結。主要的網路爬蟲稱為「Googlebot」，圖片搜尋的網路爬蟲為「Googlebot-Image」，行動裝置搜尋則是「Googlebot-Mobile」，有各式各樣的網路爬蟲不分晝夜在全世界收集資料。

語音搜尋

利用語音搜尋的意思。對搜尋引擎以「告訴我～」、「～在哪裡？」「幫我調查～」發問，搜尋引擎就以語音回答最佳答案的功能。隨著智慧型手機的普及與 IoT 產品滲透家庭與職場，使用語音搜尋的機會也一定會增加。

15 劃

影片 SEO

指的是利用影片內容提升搜尋排名的策略。將影片上傳至與 Google 相容的 YouTube 時，可在影片的標題、說明與標籤放入關鍵字，執行影片 SEO 策略。

樂天市場的 SEO 策略

在樂天市場買東西的人，有 6～7 成使用樂天市場的搜尋引擎，換言之，在樂天市場開店的人，若能讓自己的網站擠進樂天市場的搜尋結果前幾名，就能提升業績。樂天市場的搜尋引擎雖未公開演算法，但一般認為與商品資訊、商品種類有關。要在樂天市場開店，可收集樂天大學的資訊再執行相關的策略。

17 劃

錨點文字

設定錨點標籤時用於代表連結的字串。以錨點文字設定的字串會套用底線樣式，告知使用者這個字串是可點選的連結。建議在錨點文字設定具體的關鍵字。

錨點標籤

HTLM 標籤的一種，用於張貼前往其他頁面的連結。語法如下：

<a href="URL"> 錨點文字 </a>URL 的部分可撰寫代表連結的 URL，錨點文字的部分則可輸入代表連結的文字。

21 劃

響應式網頁設計

是指能依照使用者的螢幕或瀏覽器視窗的大小切換網頁大小的網頁設計手法。例如，從電腦瀏覽手機版的網頁時，網頁會自動切換成適當的大小。只要是採用響應式網頁設計方式製作的網頁，就能直接對應多種裝置，不再需要製作多個版本的網頁，同時也能進一步提升使用者的使用體驗。

索引

作者簡介

福田多美子

Gliese 株式會社董事。

● Salesforce.com 指定 Pardot 顧問

● 全日本 SEO 協會指定 SEO 顧問

於群馬縣出生，目前定居於東京都，於富士通子公司擔任科技題材撰稿者，從事金融、物流軟體的手冊開發。2004 年進入株式會社 Gliese，負責內容行銷的相關業務。舉辦「宣傳會議 (Web 宣傳負責人培育講座)」、「數位好萊嶋」的講座，也於許多地方演講。著有《SEO に効く！ Web サイトの文章作成術》(2014 年 / C & R 研究所)、《SEO に強い Web ライティング 売れる書き方の成功法則 64》(2016 年 / Sotech 社)。

Gliese 株式會社

於 2000 年 12 月創立，董事長為江島民子。擅長行銷動化與內容行銷的業務，從溝通設計、顧客體驗旅程地圖的製作到全面支援各種內容的製作、分析與改善。

【總公司】

〒 154-0012
東京都世田谷區駒澤 2-16-18
ロックダムコート 202
TEL：03-6450-9204

http://gliese.co.jp/

最親切的 SEO 入門教室｜關鍵字編輯 x 內容行銷 x 網站分析

作　　者：株式會社 Gliese　福田多美子
譯　　者：許郁文
企劃編輯：莊吳行世
文字編輯：江雅鈴
設計裝幀：張寶莉
發 行 人：廖文良

發 行 所：碁峰資訊股份有限公司
地　　址：台北市南港區三重路 66 號 7 樓之 6
電　　話：(02)2788-2408
傳　　真：(02)8192-4433
網　　站：www.gotop.com.tw
書　　號：ACN034800
版　　次：2020 年 04 月初版
　　　　　2022 年 10 月初版十刷
建議售價：NT$520

國家圖書館出版品預行編目資料

最親切的 SEO 入門教室：關鍵字編輯 x 內容行銷 x 網站分析 / 福
　田多美子原著；許郁文譯. -- 初版. -- 臺北市：碁峰資訊, 2020.04
　　面；　　公分
　　ISBN 978-986-502-449-9(平裝)
　　1.網路行銷　2.搜尋引擎　3.網站
496　　　　　　　　　　　　　　　　　　　109002678

讀者服務

● 感謝您購買碁峰圖書，如果您
　對本書的內容或表達上有不清
　楚的地方或其他建議，請至碁
　峰網站：「聯絡我們」\「圖書問
　題」留下您所購買之書籍及問
　題。(請註明購買書籍之書號及
　書名，以及問題頁數，以便能
　儘快為您處理)
　http://www.gotop.com.tw

● 售後服務僅限書籍本身內容，
　若是軟、硬體問題，請您直接
　與軟體廠商聯絡。

● 若於購買書籍後發現有破損、
　缺頁、裝訂錯誤之問題，請直
　接將書寄回更換，並註明您的
　姓名、連絡電話及地址，將有
　專人與您連絡補寄商品。